직접 키워서 건강하게 먹는

키친 허브

직접 키워서
건강하게 먹는

키친 허브

배혜림 옮김

미호

Contents

PART3
나무(목본) 허브

PART 4
과일나무 허브

처음 만나는 허브

허브를 소개합니다

과거에는 주변에서 쉽게 구할 수 있는 허브를 일상에서 다양한 형태로 이용했습니다. 음식에 더해 맛을 낼 뿐만 아니라 말려서 차로 마시거나, 소독을 하거나, 때로는 해충을 없애는 데 사용하기도 했습니다. 과학적으로 증명된 효능이라기보다 오랜 시간에 걸쳐 경험적으로 얻은 지식이라고 할 수 있어요.
이 책에서는 생활에서 요긴하게 쓸 수 있는 대표적인 허브들을 소개합니다. 허브의 매력과 더불어 허브를 가까이 두고 키우는 즐거움과 재배 방법, 그리고 다양한 활용법에 대해 알아봅니다. 여러분의 일상에도 허브를 들여와 직접 키워보면서 허브가 가진 매력을 느껴보길 바랍니다. 이제부터 내 삶의 방식, 내 몸에 맞는 허브를 찾아보세요.

허브와 친해지기 위한 3가지 팁

먼저 사용할 목적을 정한 후 허브를 고릅니다.

허브에는 특유의 향이 있습니다. 향에 따라 호불호가 강한 경우도 있고요. 요리에 따라 어울리는 허브도 다릅니다. 그러니 우선 자신이 좋아하는 향을 찾아보세요. 잎에서 나는 향을 맡는 것만으로도 테라피의 효과가 있습니다. 당장 요리에 사용할 허브를 찾기보다 자기가 좋아하는 향이 무엇인지 탐색해보는 시간을 가져보세요. 모종을 살 때 잎을 아주 가볍게 문질러 향을 확인하는 것도 좋은 방법입니다.

매일 자라는 모습을 관찰해주세요.

허브와 가까워지는 데 가장 중요한 것은 상태를 자주 관찰하며 그 변화를 체크하는 것입니다. 허브가 키우기 까다로운 편은 아니지만, 잠시라도 방치하면 금세 시들어버립니다. 허브에 알맞는 장소를 알아보고 키우는 장소, 물주기의 횟수, 통풍 등을 세심하게 살펴야 합니다. 잎의 상태를 통해 컨디션을 파악해보세요. '식물에 말을 걸면 더 잘 자란다'는 속설은 그만큼 애정과 관심을 가지고 식물을 키워야 한다는 의미일 거예요. 매일 식물을 들여다보고 관찰하는 일을 습관처럼 해보세요. 당신의 허브도 건강하게 자랄 수 있습니다.

다양한 허브를 천천히, 조금씩 시도해봅시다.

미국과 유럽에서는 의약용 허브에 대한 연구가 활발하며, '메디컬 허브(medical herb)'로서 사용되는 것도 있는데요. 그 성분은 종류와 발육 환경에 따라 큰 차이를 보입니다. 사용하는 사람의 체질이나 컨디션에 따라서도 다른 반응이 나타납니다. 또한 같은 종류의 허브티라도 말린 잎으로 우려낸 것인지 생잎으로 우려낸 것인지에 따라 차이가 있습니다. 처음 허브를 접할 때는 어떤 허브와 잘 맞는지 관찰하면서 조금씩 사용하는 것이 좋습니다.

키친 허브를 완성하기 위한 3가지 요소

키우는 장소

식물은 뿌리를 통해 수분, 산소, 영양을 흡수하고 잎으로 광합성을 합니다. 종류에 따라 다소 차이는 있지만, 볕이 잘 들지 않으면 자라기 어렵습니다. 허브는 특히 햇볕을 좋아합니다. 허브를 주방에 두고 요리할 때마다 사용하면 편리하겠지만, 베란다나 볕이 충분히 잘 드는 곳에서 키워주세요.

화분과 흙

대부분의 허브는 봄에서 여름 사이 성장합니다. 성장을 위해서 필요한 것이 바로 화분과 흙입니다. 토분은 물 빠짐이 좋고 특유의 자연스러운 느낌이 매력적이지만, 조금 무겁고 깨지기 쉽다는 게 단점입니다. 반면 플라스틱 화분은 수분을 잘 가둬두고, 디자인도 다양해 선택의 폭이 넓습니다.
흙은 원예용 배양토를 사용하는 것이 좋습니다. 원예에 적합한 여러 흙과 토양 개량제를 섞어 만든 배양토는, 배수가 좋고 비료분도 풍부하여 베란다 정원, 실내 재배에 적합합니다.

물주기

원예 초보자들의 가장 흔한 실수가 바로 물주기입니다. 식물에 필요한 물의 양은 식물의 크기와 계절, 온도, 크는 장소에 따라 모두 다릅니다. 하지만 물주기에도 기본은 있습니다. 흙의 표면이 말랐을 때, 화분 밑으로 물이 빠져나올 때까지 흠뻑 주는 것입니다.
생장기에는 가능한 한 오전에 물을 주고, 한여름의 베란다와 같이 건조해지기 쉬운 곳이라면 아침저녁으로 두 번 주는 것이 좋습니다.

이 책의 사용법

주의할 점

- 허브 중에는 몸의 상태나 체질에 따라 섭취하거나 접촉하는 경우 문제가 발생하는 것이 있습니다. 이상하다고 느껴진다면 섭취를 멈추고 필요한 경우에는 의사와 상담하는 것을 추천합니다.
- 지병이 있거나, 약을 복용하고 있는 경우에는 반드시 의사와 상담한 뒤에 섭취해주세요. 임신 가능성이 있거나 산모, 12살 미만의 어린아이, 고령자 역시 마찬가지입니다.
- 이 책에서 소개하는 허브나 스파이스는 의약품이 아닙니다. 식물 사용법이나 활용법을 의학적 치료 방법으로 사용하지 마세요.

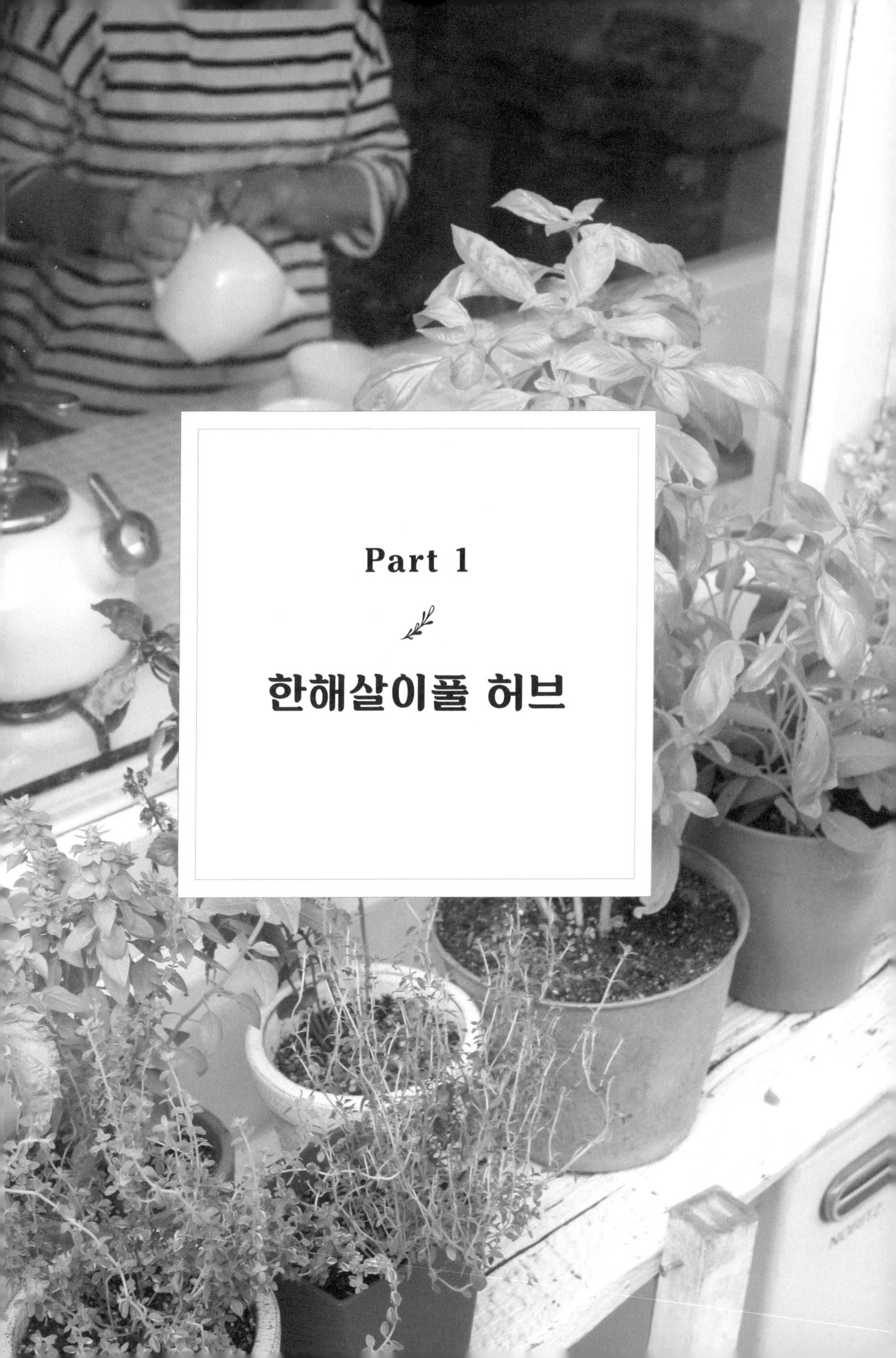

Part 1

한해살이풀 허브

한해살이풀이란?

봄에 싹을 틔워 꽃이 피고 가을에 열매를 맺은 뒤 죽는 것을 한해살이풀이라고 합니다.
가을에 씨앗을 뿌려 이듬해 겨울까지 1년 이상 자라는 것도 있고,
원산지에서는 1년 이상이 지나도 죽지 않는 품종도 있습니다.
씨앗에서 자라나 꽃을 피우고 열매를 맺은 뒤 죽는 생물주기를 가진 식물을
한해살이 식물, 혹은 두해살이 식물이라고 합니다.

파종과 모종, 무엇으로 키우는 게 좋을까요?

씨앗을 뿌리면 많이 키울 수 있다는 장점이 있지만, 여러 개의 화분에서 키울 예정이라면 모종을 구입하는 편이 간편합니다.

• 파종

품종에 따라 씨앗을 심는 시기가 다릅니다. 발아에 필요한 온도나 그 후의 성장 타이밍을 놓치지 않도록 씨앗을 제때 심는 것이 중요합니다. 씨앗 봉투에 적힌 정보를 참고해서 심어주세요. 개봉하고 남은 씨앗은 고온 다습한 곳을 피해서 보관하는 것이 좋습니다. 보존기간을 넘긴 씨앗은 발아율이 낮아집니다.

• 모종

허브 모종의 대부분은 봄이 시작하는 시기에 나옵니다. 다양한 허브를 갖춘 규모 있는 가게에서, 줄기가 튼튼하고 잎 색깔이 선명한 건강한 모종을 고르도록 합시다. 플라스틱 화분에서 오랫동안 관리된 모종은 화분 밑으로 뿌리가 나와 있는 경우도 있기 때문에 주의해야 합니다. 모종을 구입한 후에는 가능한 한 빨리 큰 화분으로 옮겨 심어주세요.

바질

Basil

과명 민트과
원산지 인도, 열대 아시아

그리스에서는 테라코타 화분에 심은 그리스 바질을 식탁 위에 올려 파리를 쫓아내는 문화가 있다고 합니다.

재배 장소에 따라 사용법을 달리해주세요.
햇볕을 많이 받고 자란 바질은 향이 강해서 페이스트로 만들어 먹거나 차로 마시면 좋아요. 반그늘에서 자란 바질은 향이 부드러워 그냥 먹기에도 부담이 없습니다.

바질차의 효능
스트레스로 인한 위장 장애, 불면, 수족냉증 예방, 이완 효과

이탈리아 음식의 기본, 바질

튼튼하게 잘 자라는 바질은 비교적 키우기가 수월해 인기가 높은 허브입니다. 바질을 이용한 소스인 바질 페스토는 집에서 만들기 쉽고 냉장고에 보관하기도 용이해 누구나 한 번쯤 시도해볼 만합니다. 바질과 잣, 마늘, 파르메산 치즈, 올리브오일을 넣고 갈아 만듭니다. 바질의 원산지인 인도에서는 신에게 바치던 신성한 식물로 여겼으며, 악귀로부터 가정을 지키기 위해 집 앞에 바질을 심는 전통이 있었습니다. 인도의 전통의학에서는 마음을 편안하게 하고 염증을 완화하는 효능이 있다고 보았습니다. 바질차는 자율신경을 원활하게 하고 목이나 코의 통증을 줄여줍니다.

바질 씨앗의 효능

바질 씨앗은 식물성 식이섬유인 글루코만난(곤약만난)을 많이 포함하고 있기 때문에 물에 넣으면 약 30배로 부풉니다. 식이섬유는 포만감을 줄 뿐만 아니라, 장내 환경이 좋아지는 데도 도움을 줍니다. 따라서 생활습관병(식습관, 음주, 흡연 등 생활 습관에 영향을 받아 생기는 병)의 예방에도 도움이 됩니다.

자주색 품종은 기온이 너무 높으면 선명한 자주색이 나오지 않는 경우도 있습니다.

부시 바질

부시 바질은 스위트 바질보다 잎이 작고 평평합니다. 금전운을 불러들인다는 설이 있습니다.

향을 내는 성분은 리나롤, 캄퍼(camphor)입니다. 항균 효과가 있고 진통을 완화하는 효과가 있으며, 식욕을 돋게 합니다.

재배와 수확 | 고온 다습한 환경을 좋아하는 편입니다. 수확하기에 초여름부터 늦가을이 좋습니다.

심기

4월 중순부터 모종을 판매합니다. 지름이 15~18cm 정도인 화분에 한 줄기를 심어줍니다. 직접 파종하는 경우에는 5월 이후에 시작해주세요.

순지르기, 수확

화분에 옮겨 심은 모종은 줄기의 새순을 자르는, 순지르기를 해주세요. 자른 부분 밑에서 곁순이 자라 줄기와 잎이 늘어나고 더욱 풍성해집니다. 부드러운 잎을 수확하면서 순지르기를 반복해주세요.

짧게 잘라 다시 키우기

한여름이 되면 전체 높이의 절반 정도를 자르고 한 달 정도 지나면 뿌리와 새순이 자라서 늦여름까지 수확할 수 있습니다. 꽃이 피면 잎은 억세지만, 풍미가 강해집니다.

새순을 자르면 곁순이 자라납니다.

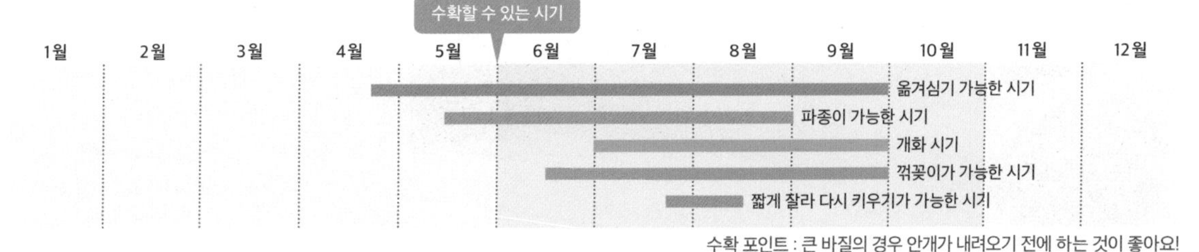

수확 포인트 : 큰 바질의 경우 안개가 내려오기 전에 하는 것이 좋아요!

왕의 허브, 바질

알렉산더 대왕이 인도 원정에서 가져왔다고 하지만, 사실상 유럽에 퍼진 것은 그 이후입니다. 그리스어로 왕을 의미하는 '바질리쿰(basilicum)'에서 유래했다는 설이 있으며, '왕의 약제, 허브의 왕, 왕가의 허브'라고도 불립니다. 이탈리아의 제노베제(제노바풍) 소스가 유명한데, 이탈리아 북부의 제노바 지역에서 비롯되었으며 정식 명칭은 '페스토 제노베제'입니다. 스위트 바질과 잣, 마늘, 파르메산 치즈, 올리브오일을 넣고 갈아 섞어 만든 소스로, 제노베제 파스타는 이 소스로 만든 파스타를 말합니다. 이탈리아에서는 스파게티보다 두꺼운 링귀네 면으로 먹는 경우가 많습니다.

집에서 만드는 '제노베제 소스'

스위트 바질 2줌, 잣 1큰술, 마늘 1조각, 파르메산 치즈 2큰술, 엑스트라 버진 올리브오일 4큰술을 푸드 프로세서로 갈아줍니다. 페이스트 상태로 만든 뒤, 소금을 더해 간을 맞춰주세요.

※보관하는 경우, 유리병에 넣고 올리브오일을 2~3mm 높이로 부어줍니다. 냉장고에 보관하고 되도록 빨리 먹는 것이 좋습니다.

아시아의 바질 요리

바질 품종 중에는 홀리 바질, 타이 바질이 있습니다. 홀리 바질은 인도에서 신성시되는 품종으로, 인도에서는 요리보다 약재로서 더 많이 쓰입니다. 인도 전통의학에서는 빼놓을 수 없는 약초입니다. 감기, 두통, 위장장애, 염증, 심장병, 독소 배출, 말라리아 치료 등에 사용된다고 합니다.

타이 바질은 스위트 바질과는 달리, 특유의 풍미와 쓴맛을 지녔습니다. 에스닉 요리에서 빼놓을 수 없는 허브로, 태국에서는 닭과 바질을 볶은 요리인, 카이팟바이카파오가 유명합니다. '카이'는 닭고기, '팟'은 볶다, '바이카타오'는 홀리 바질을 의미합니다. 밥과 달걀프라이를 같이 주는 것은 '카파오 덮밥'이라고 합니다.

닭 넓적다리 살과 바질 블루치즈 구이

닭 넓적다리 1장을 세로로 칼집을 내어 벌린 다음 블루치즈를 적당량 넣습니다. 닭고기로 치즈를 감싼 다음 알루미늄 포일 위에 올려 소금과 후추를 조금 뿌립니다. 예열해둔 그릴 위에서 노릇노릇해질 때까지 구운 다음 먹기 좋은 크기로 자릅니다. 꿀, 올리브오일 각각 2큰술과 잘게 자른 바질을 넉넉히 섞은 다음 뿌려주세요.

바질도감

품종이 다양한 바질은 수형과 향도 다채롭습니다.

스위트 바질

바질의 대표적인 품종입니다. 붉은색이 살짝 감도는 하얀 꽃을 피웁니다. 시원하고 달콤한 향이 특징으로 피자, 파스타 등 다양한 요리에 쓰입니다.

퍼플오스민 바질

클로브(정향나무의 꽃봉오리를 말린 것)와 비슷한 달콤한 향이 특징입니다. 암자홍색의 잎은 식초나 오일의 재료로 사용됩니다. 한여름에도 잘 자라는 건강한 품종입니다.

홀리 바질

인도에서 성스러운 식물로 추앙받는 인기 바질입니다. 전체적으로 작은 털이 나 있고, 크게 자라지 않는 편입니다. 성장이 빨라 금방 풀숲을 이룹니다. 향이 스위트 바질보다 순하며, 생잎을 샐러드로 먹는 것을 추천합니다.

레몬 바질

성장이 매우 빠르고 왕성하여 단기간에 수확할 수 있습니다. 상큼한 레몬 향이 나기 때문에, 생선이나 닭고기 요리에 더하면 향이 좋고 맛도 한층 끌어낼 수 있습니다.

다크오팔 바질

스위트 바질보다 향이 순하고 상큼한 것이 특징입니다. 식초에 넣으면 붉은색으로 예쁘게 물들어 줄기나 꽃을 담가 허브 비네거를 만듭니다. 요리에 곁들여도 좋습니다.

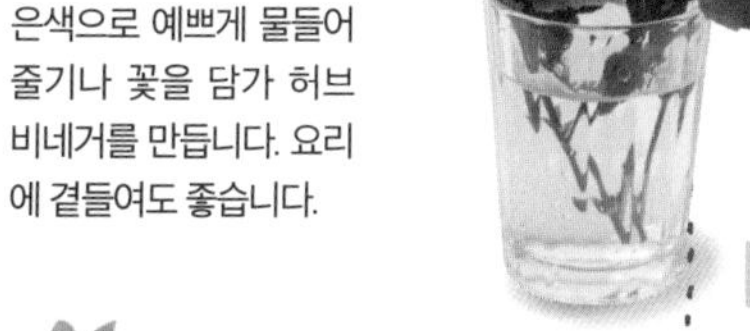

그리스 바질

사각 줄기에 작고 섬세한 잎들이 달려 있습니다. 다른 바질에 비해 상대적으로 추위에 강하고 빽빽하게 자랍니다.

부시 바질

분지(원래의 가지에서 갈라져 나감)를 잘하는 바질로 원형으로 밀집해서 자랍니다. 스위트 바질보다는 추위에 강하며 완전히 자라도 20~30cm를 넘지 않습니다. 화분에 심어 초록 잎을 즐기기 좋고 요리의 데커레이션으로도 활용합니다.

레드루비 바질

전체적으로 검은빛의 보라색을 띠며 다크오팔 바질보다 안정적으로 성장하는 편이기 때문에 화단에 색을 넣기에 딱 좋습니다. 와인 식초에 담가 빨갛게 물들여보는 것도 추천합니다.

시나몬 바질

'향을 즐기는 허브 가든'에 딱 맞는 바질입니다. 시나몬 향과 비슷한 향을 즐길 수 있습니다.

타이 바질

스위트 바질에 비해 향이 강하고, 아니스나 클로브버드(정향)와 같은 향이 납니다. 자주색 줄기에 자주색 꽃을 피웁니다. 에스닉 요리에 잘 맞습니다.

캐모마일 Chamomile

과명 국화과
저먼종 캐모마일(German Chamomile : Matricaria chamomilla)
로만종 캐모마일(Roman Chamomile : Chamaemelum nobile)
원산지 인도, 열대 아시아

캐모마일 티
따뜻한 물에 5분 정도 우려낸 뒤 마십니다.

불면증이나 스트레스에는 캐모마일 향기로 이완

봄철에 데이지와 비슷한 작고 하얀 꽃을 피우며 사과 같은 달콤한 향을 내뿜습니다. 몸을 따뜻하게 하고 이완해주는 효과가 있어, 진하게 우려내 입욕제로 써도 좋아요. 저먼종은 항염증 효과가 높고, 증기를 들이마시면 화분증이나 코막힘을 해소하는 데도 도움이 됩니다. 꽃을 우유에 우려낸 밀크티는 불면증이나 생리통 완화에 효과가 있으며, 꽃은 향이 좋아 꿀에 절이거나 사과 같은 과일과 함께 졸여 먹는 것도 좋습니다. 저녁이 되면 꽃봉오리가 지기 때문에 아침에 수확합니다.

캐모마일 풍미의 케이크

케이크를 만들 때 진하게 우려낸 캐모마일 티를 우유와 섞어 사용하면, 풍미와 향이 좋은 케이크를 만들 수 있습니다.

남은 티백으로 아이 팩을

사용하고 남은 캐모마일 티백을 눈꺼풀 위에 올리면 눈의 피로 회복에 좋습니다.

로만종은 여러해살이풀

여러해살이풀인 로만종은 개화 시기가 6~7월입니다. 꽃은 향이 진하기 때문에 건조시켜서 향낭 주머니(샤셰)를 만드는 데 좋습니다. 키가 작고 지면에 기는 성질이 있어 벤치나 의자 옆면에 심으면 보다 쉽게 향을 즐길 수 있습니다. 다만 고온 다습한 환경에 취약하기 때문에 여름을 나기가 어렵습니다.

재배와 수확 | 씨를 뿌리지 않아도 잘 자라는 것이 특징입니다. 꽃잎이 뒤로 젖혀지면 수확합니다.

심기

봄이나 가을에 모종이 출하됩니다. 추위에 강하므로 가을에 심어서 봄에 크게 키우는 것을 추천합니다. 자연적으로 뿌려진 씨로 번식하기도 합니다.

순지르기 ~ 수확

꽃잎이 뒤로 젖히고 꽃 중심부가 노랗게 변하면 수확하기 적당한 시기입니다. 맑은 날 오전, 줄기 끝부분의 꽃을 건져내듯 수확합니다. 로만종은 잎과 줄기 모두 이용할 수 있습니다.

짧게 잘라 다시 키우기

로만종이 여러해살이풀이라고 해도 여름의 무더위에 말라버리는 경우가 있습니다. 꽃을 피웠을 때 짧게 잘라주면 줄기가 다시 자라납니다. 한해살이풀인 저먼종은 장마가 찾아오면 뿌리에 가깝게 잘라주세요.

꽃잎이 뒤로 젖히고 꽃 중앙 부위가 노랗게 되면 수확하기 딱 좋은 시기입니다.

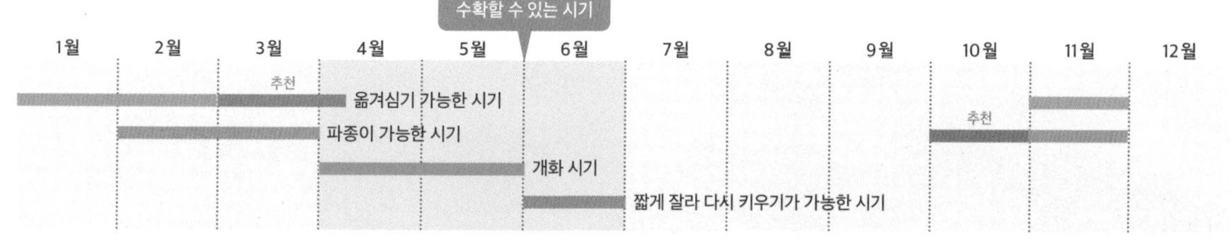

수확 포인트 : 기온이 상승하여 병충해가 발생하기 전에 해주세요!

한련화(나스터치움)
Nasturtium

과명 한련과
원산지 콜롬비아

꽃을 샐러드로 사용하기
꽃잎이 얇고 금방 시들기 때문에 사용하기 직전에 수확하거나 얼음물에 담가두세요.

아름다운 꽃을 지닌 허브

빨간색 혹은 노란색의 밝은 꽃을 피우는 허브로, '금련화'라고도 불립니다. 전체적으로 코를 찡하게 하는 매콤함이 있고, 잎과 꽃을 샌드위치로 만들거나 생햄에 곁들여 먹을 수 있습니다. 열매는 와사비 같은 풍미가 있어 갈아서 사용해도 좋습니다. 비타민C와 철분이 풍부하기 때문에 피부에 좋고 빈혈 개선에도 효과가 있습니다. 꽃과 잎, 줄기를 우려내 트리트먼트처럼 사용하면 머릿결을 부드럽게 하는 데 도움이 됩니다. 키우기 까다롭지는 않지만, 추위와 습기에 약하기 때문에 햇볕이 잘 드는 곳에서 키우고 과습에 주의합니다.

마요네즈와 함께
와사비 풍미의 감자 샐러드
마트에서 파는 감자 샐러드에 잘게 간 씨앗을 섞으면 조금 더 특별한 반찬이 됩니다. 기호에 따라 간장을 더하는 것도 좋습니다. 집에서 감자 샐러드를 만들 때는 씨앗의 향이 날아가지 않도록 감자 샐러드의 열이 식은 뒤에 씨앗을 더해줍니다. 매콤하고 부드러운 풍미의 감자 샐러드를 꼭 만들어 먹어보세요!

씨앗으로 피클 만들기
씨앗이 녹색일 때 수확해서 피클을 만들어보세요. 케이퍼 대용으로 연어와 같이 먹거나, 드레싱에 쓸 수 있습니다.

재배와 수확 | 고온 다습에 약합니다. 짧게 잘라 시원하게 여름을 넘기세요.

심기
3월에는 꽃봉오리가 달린 모종이 출하되기 때문에 4월 중순까지 심도록 합니다. 꽃잎을 자주 따주면 다음 꽃이 바로바로 핍니다. 파종하는 경우에는 1~3월에 실내에서 파종하여 관리합니다.

순지르기 ~ 수확
본잎(떡잎 뒤에 나오는 보통 잎)이 4~5장 나오면 순지르기를 해줍니다. 줄기를 늘려 꽃의 양을 늘립니다. 5월에 줄기와 잎, 꽃을 수확하면 새로운 줄기가 자라납니다.

짧게 잘라 다시 키우기
고온 다습에 약하기 때문에 여름에는 생육이 더디고, 말라 죽는 경우도 있습니다. 여름의 직사광선을 피하고 나뭇잎 사이로 쏟아지는 햇빛 정도만 볼 수 있게 해주세요. 통풍이 잘되는 곳, 시원하고 건조한 곳에서 키우도록 합니다. 짧게 잘라 줄기를 쉬게 하면 가을에 다시 꽃을 피웁니다.

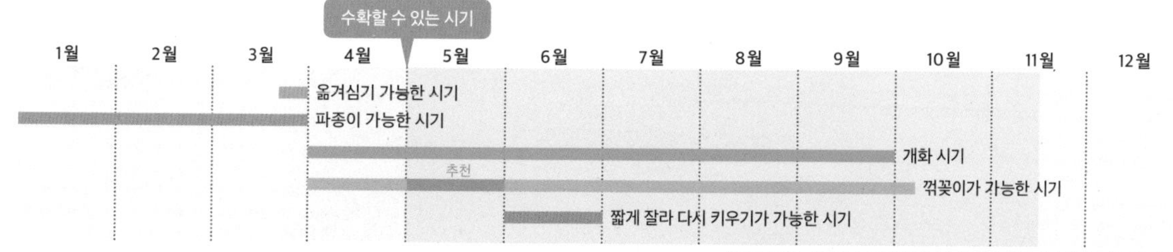

수확 포인트 : 꽃이나 잎이 달려 있다면 언제든지 수확이 가능합니다.
11월 서리가 내리기 전에 실내로 들이면 겨울나기를 할 수 있습니다.

고수(코리안더) Coriander

과명 미나리과
원산지 지중해 연안

그루터기가 작을 때는 잎을 뜯지 않도록 합시다.

줄기와 뿌리 사용법
줄기는 잎에 비해 향이 진하기 때문에, 잘게 다져 사용합니다. 뿌리도 향이 강해 육수를 내는 데 쓰거나 으깨서 다진 것을 볶을 때 넣거나 카레에 토핑으로 올리기도 합니다.

에스닉한 고기 된장
잎이나 줄기를 잘게 다져 간 고기와 마늘, 생강과 함께 볶아주면 보존하기도 쉽고 따뜻한 밥에 올려 먹으면 맛있게 즐길 수 있습니다.

특유의 향에 빠지면 끊을 수 없게 되는 에스닉 허브

특유의 강한 향을 가지고 있어 타이 요리나 베트남 요리에서 빠질 수 없는 허브입니다. 잎은 연해 샐러드나 나물로 먹기도 하고 소면이나 회, 수프, 야키소바에 스파이스로 사용하면 에스닉한 향이 살아나서 맛있게 먹을 수 있습니다. 아보카도와 토마토, 양파에 고수를 섞어 만드는 멕시코 요리 과카몰리를 만들어 먹는 것을 추천합니다. 씨앗은 잎보다는 부드러운 향을 가지고 있습니다. 가람 마살라(매운 향신료)나 카레 루에 사용되며, 피클을 만들 때 몇 알 넣으면 풍미가 살아나 더욱 맛있게 즐길 수 있습니다.

고수 씨앗

카레에서 빠질 수 없는 향신료 중 하나입니다. 오렌지 같은 상큼한 향을 지녀 디저트를 만들 때도 사용됩니다.

쌀국수

재료(2인분)

- 얇게 저민 소고기 … 150g
- 숙주나물 … 100g
- 홍고추, 청고추 … 각 1개
- 대파 … 1/2개
- 고수 … 1/2 다발
- 쌀국수 … 150g
- A
  - 남프라(태국 생선 소스) … 2큰술
  - 치킨스톡 … 1개
  - 소금 … 1/2작은술
  - 후추 … 적당량
- 라임 … 적당량

만드는 법

❶ 소고기는 붉은 기가 남아 있을 정도로만 데치고 찬물에 식힙니다. 식은 뒤에는 물기를 닦아 먹기 좋은 크기로 자릅니다. 숙주나물은 데쳐줍니다. 홍고추와 청고추는 씨를 제거하여 어슷썰기 하고, 대파도 고추와 비슷한 크기로 썰어줍니다. 고수는 다져줍니다.

❷ 냄비에 물을 3컵 넣고 끓인 다음 A로 간을 합니다.

❸ 쌀국수는 포장에 쓰인 방법대로 삶고, 체에 밭쳐 물기를 제거합니다. 그릇에 쌀국수를 담고 ❷를 부은 다음 ❶을 올립니다. 기호에 따라 라임을 짜줍니다.

일본식 두부 채소 무침(시라아에)에 고수를 더해서

연두부, 참깨, 소금, 참기름을 절구에 넣고 잘 으깨서 섞은 다음, 잘게 다진 고수, 건새우, 견과류 등을 넣습니다. 이대로도 충분히 맛있지만, 삶은 유채꽃을 더해 먹으면 더욱 맛있습니다.

재배와 수확 | 여름이 넘어갈 때가 포인트!
폭폭 찌는 더위와 물 마름에 주의해주세요.

심기

봄이나 가을에 모종이 출하됩니다. 추위에 강하기 때문에 가을에 심어서 봄에 가지를 늘리는 것을 추천합니다. 그냥 두어도 자연적으로 늘어납니다. 파종할 경우에는 3~5월 혹은 9~10월이 좋습니다. 봄에 씨앗을 뿌리면 부드러운 잎을 많이 수확할 수 있고, 가을에 뿌리면 병충해의 피해 없이 키울 수 있습니다.

수확

키가 20cm 정도까지 자라면 바깥쪽 잎을 수확합니다. 이 시기를 놓치면 잎과 줄기가 억세지므로 빨리 수확해야 하고, 꽃과 씨앗을 수확하는 시기에는 잎을 수확하는 것은 자제하도록 합시다.

여름 나기

물을 좋아하기 때문에 특히 여름에는 물을 자주 줘야 합니다. 무더위 때문에 생육이 더디면 9월에 새로운 모종을 심는 것을 추천합니다.

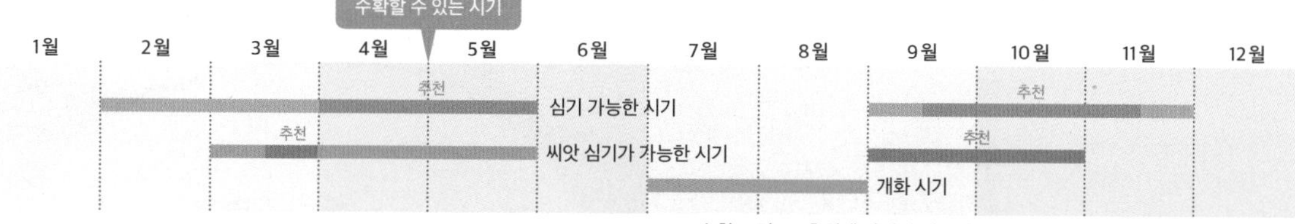

수확 포인트 : 추위에 강하기 때문에 서리만 잘 피해주면 겨울을 날 수 있습니다.

차조기 (시소)

Shiso

과명 꿀풀과
원산지 중국 남부, 히말라야, 일본

통조림에 딱! 토마토 차조기 조림
방울토마토 15개를 데쳐서 껍질을 벗겨냅니다. 물 100ml를 불에 올려 끓어오르면 식초 1/2작은술, 콤부차 2작은술을 넣고 불을 끕니다. 거기에 데친 방울토마토를 넣고 잔열이 식으면 냉장고에서 식혀줍니다. 잘게 채 썬 푸른 차조기를 올려 먹으면 더욱 맛있습니다.

보존 방법
차조기는 줄기를 위로 향하게 해서 빈 병에 넣고, 1큰술 정도의 물을 넣습니다. 뚜껑을 잘 닫은 다음 병을 거꾸로 뒤집어 냉장고에 보관해주세요. 줄기까지 물에 잠길 수 있도록 하는 것이 포인트입니다.

식욕을 돋우는 산뜻한 향

특유의 향으로 오랫동안 식탁에서 사랑받아온 허브입니다. 페릴알데히드(perillaldehyde) 성분이 독특한 향을 내며 항산화 작용을 합니다. 또한 항균 효과가 있어 날것을 먹을 때 함께 먹기도 합니다. 항알레르기 작용으로 아토피 피부염을 호전시키는 데도 효과가 있습니다. 붉은 차조기는 매실장아찌를 만들 때 색을 내기 위해 사용됩니다. 붉은 차조기를 우려내 만드는 주스는 식욕이 떨어지는 여름에 마시면 더욱 좋습니다.

붉은 차조기 주스

잘 씻은 붉은 차조기 잎을 30분간 천천히 우려낸 뒤 건져냅니다. 우려낸 물의 20% 정도 분량으로 설탕과 레몬즙, 혹은 식초를 더해줍니다. 유리병에 담아 냉장고에 보관합니다. 탄산수나 물에 타서 마시면 좋습니다(푸른 차조기를 가지고 같은 방법으로 만들 수 있어요). 붉은 차조기는 항산화 효과가 있는 폴리페놀(polyphenol)이 듬뿍 들어 있습니다.

차조기 열매 절임

이삭에서 씨앗을 빼내고, 물에 하룻밤 담가 떫은맛을 제거합니다. 가능하다면 중간중간 물을 갈아주는 것이 좋습니다. 물기를 짜내고 씨앗 중량의 10% 정도 소금을 넣고 잘 섞어줍니다. 오래 보존할 경우에는 소금의 양을 늘려주세요.

일본풍 드레싱으로

푸른 차조기는 채 썬 뒤 식초와 오일을 넣고 잘 섞은 다음 드레싱으로 사용합니다. 제노베제 소스를 만들 때 바질 대신 사용할 수도 있습니다.

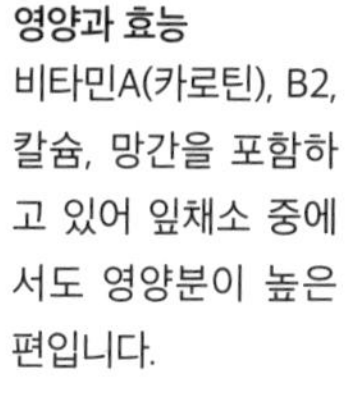

영양과 효능

비타민A(카로틴), B2, 칼슘, 망간을 포함하고 있어 잎채소 중에서도 영양분이 높은 편입니다.

붉은 차조기

재배와 수확 | 순지르기와 짧게 잘라 다시 키우기하여 잎의 수를 늘릴 수 있습니다.

심기

마디 간격이 좁고 잎이 큰 모종을 고릅니다. 모종은 빨리 출하되지만, 5월까지는 실내에서 키우고 큰 잎이 4~6매 정도 나면 큰 화분에 옮겨 심도록 합니다. 파종할 경우에는 4월 하순에서 5월이 적당합니다. 실내에서 발아시켜 5월이 되면 실외로 옮겨주세요.

순지르기 ~ 수확

키가 20cm 정도까지 자라면 순지르기를 해주세요. 줄기를 자른 부분부터 옆으로 자라기 시작해 잎의 수를 늘린 뒤에 수확합니다.

여름 나기

더워지면 진드기 피해가 생기기 쉽고, 잎도 작아지기 때문에 그 전에 그루터기를 크게 키우는 것이 좋습니다. 건조하면 아래쪽 잎이 떨어지므로 마르지 않도록 물을 주의해서 줍시다.

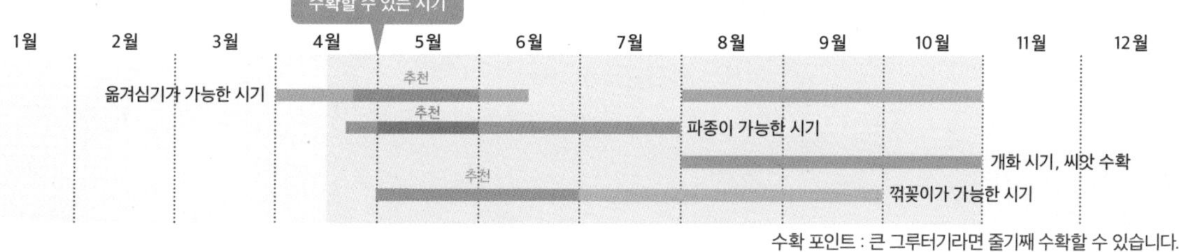

수확 포인트 : 큰 그루터기라면 줄기째 수확할 수 있습니다.

파슬리(컬리 파슬리)

Parsley

과명 미나리과
원산지 지중해 연안

당근 파슬리 무침
당근 1개를 대강 썬 다음 부드러워질 때까지 전자레인지에 돌립니다. 버터 30g과 메이플시럽 혹은 꿀 1작은술을 넣고 전자레인지에 돌려 녹입니다. 당근과 시럽을 버무린 다음 다진 파슬리를 충분히 뿌려주세요.

벌레에 물렸을 때
파슬리 잎을 갈아 으깨서 벌레에 물린 곳에 바르면 가려움이 가라앉습니다.

계속 먹고 싶은 영양 만점 허브

비타민A의 카로틴, 비타민C, 칼슘, 철분 등 영양이 풍부하고, 생리 불순 개선 및 피부 미용에 효과가 있다고 합니다. 강한 살균 효과가 있기 때문에 도시락에 넣어두면 세균 증식을 막는 효과가 있습니다. 잎끝이 구불구불한 컬리 파슬리(Curly Pasley)는 은은한 쓴맛과 살짝 감도는 풋내가 특징입니다. 튀김옷 없이 가볍게 튀겨서 먹기 좋습니다. 저온 압착 올리브오일에 은은하게 굽고 건조시켜 보존이 가능하고 수프의 토핑으로 활용하기도 좋습니다. 반면 부드럽고 평평한 잎의 이탈리안 파슬리는 맛과 향이 부드러워 생으로 먹는 것을 추천합니다.

타르타르 소스
삶은 달걀과 다진 양파, 피클, 마요네즈로 만드는 타르타르 소스에 잘게 다진 파슬리를 더하면 은은한 쓴맛이 포인트가 되어 풍미가 더욱 업그레이드됩니다.

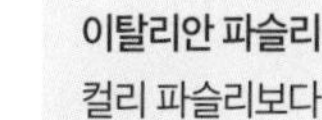

이탈리안 파슬리
컬리 파슬리보다 쓴맛이 덜합니다.

드라이 파슬리 만드는 법

❶ 잘 씻은 파슬리의 물기를 제거하고, 잎을 잘게 다진 뒤 테프론 시트에 평평하게 올려둡니다.
❷ 전자레인지(600W)에서 6분 동안 가열합니다. 상태를 보면서 조금씩 더 가열해서 보슬보슬해질 때 건조시킵니다. 분말로 만드는 경우에는 바구니에 넣어서 부숴줍니다.
❸ 충분히 식힌 다음 유리병에 넣어서 보관합니다.

재배와 수확 | 싹을 자주 뜯어내 잎의 양을 늘립니다.

심기

잔뿌리가 많고 곧게 뻗은 뿌리가 적어 옮겨심기를 싫어하기 때문에, 모종의 흙을 건드리지 말고 그대로 심는 것이 좋습니다. 여름을 나는 것이 어려워 이른 봄이나 가을에 모종을 심어줍니다.

모종의 흙을 흩트리지 말고 그대로 심어주세요.

옮겨심기 ~ 수확

작은 모종 상태에서도 수확은 가능하지만, 잎의 양이 늘어난 다음부터 수확해야 파슬리를 길게 기를 수 있습니다. 겉잎의 뿌리 부분을 벗기듯이 뜯어줍니다. 잎의 구불거림이 줄어들고 그루터기의 크기가 줄어들면 모종을 다른 것으로 갈아 심어줍니다.

여름나기 ~ 순지르기

초여름의 한창때가 지나면 재빨리 순지르기를 합니다. 여름의 고온과 강한 햇빛에 약하기 때문에 반음지로 옮기고, 마르지 않도록 주의합니다.

수확할 수 있는 시기

1월 2월 3월 4월 5월 6월 7월 8월 9월 10월 11월 12월

옮겨심기가 가능한 시기 (추천)
개화 시기
순지르기 시기

옮겨심기를 싫어하기 때문에 씨앗은 키울 곳에 바로 뿌려주세요.

루콜라

Rucola

과명 십자화과
원산지 지중해 연안에서 아시아 서부

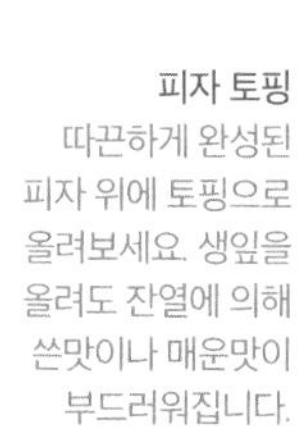

피자 토핑
따끈하게 완성된 피자 위에 토핑으로 올려보세요. 생잎을 올려도 잔열에 의해 쓴맛이나 매운맛이 부드러워집니다.

먹을 수 있는 꽃
크림색의 꽃은 먹을 수 있습니다. 샐러드에 넣어 더욱 근사하게 즐겨보세요.

특유의 매운맛과 참깨의 향기로 요리의 악센트가 됩니다

특유의 매운맛 때문에 '로켓'이라는 별명을 가진 이 허브는 이탈리아 요리에 많이 쓰입니다. 칼슘과 비타민C, 철분이 풍부하며 살균 효과와 신진대사를 촉진시키는 효과가 있습니다. 참깨 향이 나는 잎은 피자나 파스타에 토핑으로 올려 먹거나 무화과, 감 등의 과일과 함께 샐러드를 해 먹어도 맛있습니다. 작고 하얀 꽃잎에도 잎과 같은 풍미가 있어 샐러드 외에 튀김이나 나물로도 즐길 수 있습니다. 꽃이 피면 잎이 억세지기 때문에 잎만 먹고 싶은 경우에는 꽃이 피기 전에 수확해주세요.

매운맛 성분의 효능

매운맛 성분인 알릴이소티오시아네이트(Allyl isothiocyanate)는 무, 순무, 소송채 등 같은 식물에 포함되어 있습니다. 항산화 작용, 노폐물의 배출 효과가 있으며 면역력을 높이고 암 발생을 억제하는 효과가 있는 것으로도 알려졌습니다.

진한 풍미의 음식과 함께

치즈, 베이컨, 안초비, 간 등 풍미가 진한 음식과 곁들이면 음식의 풍미를 더욱 돋보이게 합니다.

셀바티코

'와일드 루콜라'라고 불리는 야생종. 매운맛과 쌉쌀한 향이 강하기 때문에 다른 식재료와 섞어서 사용하는 것이 좋습니다.

재배와 수확 | 파종에서 수확까지 1개월 정도밖에 걸리지 않습니다.

심기

씨앗을 흩뿌린 뒤 가볍게 흙을 덮어 발아할 때까지 마르지 않도록 물을 줍니다. 성장이 빨라 파종 후 1개월 만에 수확할 수 있습니다.

수확

줄기 중심에 두세 장의 잎을 남겨두고 바깥 부분의 잎을 수확합니다. 5월 중순이 되면 병충해가 발생하기 쉽기 때문에 5월 상순(1일에서 10일 사이)에 수확합니다.

자라는 환경

반음지에서 자란 잎은 부드러워서 먹기 쉽습니다. 초여름에 꽃이 피면 잎이 질깁니다. 다만 떨어진 씨앗으로도 발아하기 때문에 꽃을 피우게 하는 것도 좋습니다.

수확할 수 있는 시기

1월 2월 3월 4월 5월 6월 7월 8월 9월 10월 11월 12월

추천
옮겨심기가 가능한 시기

추천
파종이 가능한 시기

개화 시기

고추

Chillies

과명 가지과
원산지 남아프리카

족욕으로 하루의 마무리
따뜻한 물에 고추 몇 개를 띄우고 소금 한 꼬집을 넣어 주면 훌륭한 족욕 물이 완성됩니다. 몸의 구석구석까지 따뜻해지고 숙면을 도와줍니다.

보존 방법
청고추는 씻어서 냉동보존하면 필요할 때마다 유용하게 쓸 수 있습니다. 홍고추는 줄기째 매달아 충분히 건조시킨 다음 유리병에 넣어 보관해주세요.

고춧잎의 활용
고춧잎에는 영양소가 풍부하고 매운맛이 강하지 않아 볶거나 나물로 만들면 맛있게 먹을 수 있습니다.

몸을 따뜻하게 하는 매운 성분

고추의 매운맛을 내는 캡사이신 성분은 몸에 열과 땀을 내며, 지방분해 촉진과 소화불량 개선에 효과가 있는 것으로 알려졌습니다. 청고추 상태에서 수확한 것이 매운맛이 더 강한 것이 특징입니다. 연한 고춧잎은 청고추와 함께 조려 먹으면 더욱 맛있습니다. 고추를 담근 소주에 물을 희석해서 식물에 뿌리면 병충해 예방에도 도움이 됩니다.

멕시코의 감칠맛 조미료, 치폴레 (Chipotle, 훈제 할라페뇨)

잘 익은 할라페뇨를 건조시켜 훈연한 조미료입니다. 감칠맛이 풍부해 조림 요리에 넣으면 더욱 깊은 맛을 낼 수 있습니다. 식초나 고추로 만든 소스에 넣은 치폴레는 멕시코 요리에 자주 사용됩니다.

청고추 식초

청고추를 잘게 다져 소금과 함께 식초에 담가두면 끝! 식초의 종류를 바꾸거나 설탕을 더하는 등 다양하게 변형시킬 수도 있습니다. 음식을 볶을 때 넣거나 타바스코처럼 사용할 수 있습니다(청고추를 다질 때는 꼭 비닐장갑 혹은 고무장갑을 착용하고, 눈이나 코를 만지지 않도록 주의하세요).

다른 재료와 함께 소량으로

청고추에는 비타민A, 비타민C가 포함되어 있습니다. 한 번에 많은 양을 먹지 말고, 다른 재료와 함께 소량만 먹어도 영양소의 상승 효과를 볼 수 있습니다.

재배와 수확 | 매년 다른 장소로 옮겨 비료를 충분히 뿌려 키웁니다.

심기

더위에는 강하지만, 추위에는 약하므로 심는 시기가 중요합니다. 여름까지 그루터기를 크게 키워야 길게 수확할 수 있습니다. 한 번 심은 장소를 피하고 사용했던 흙은 다시 사용하지 않는 게 좋습니다.

평상시의 관리

뿌리가 짧기 때문에 수분이 부족하지 않도록 주의해주세요. 비료도 부족하지 않도록 주고 키가 20cm가 넘어가면 비료를 추가로 더 줍니다.

수확

첫 번째 꽃봉오리가 생겼을 때 'Y자' 형태의 방아다리에 달린 첫 고추를 제거해야 합니다. 그래야 고추 줄기 전체에 영양분이 전달됩니다. 열매는 10월 중순이 되면 빨갛게 변하기 시작하는데, 청고추도 사용할 수 있습니다.

수확할 수 있는 시기 - 품종에 따라 차이가 있습니다.

1월 2월 3월 4월 5월 6월 7월 8월 9월 10월 11월 12월

추천

심기가 가능한 시기

개화

키우기 쉬운 스파이스

스파이스와 허브

스파이스와 허브를 정확히 구별하는 것은 어렵습니다. 스파이스는 향이 강한 열매, 잎, 뿌리 등을 건조시켜 조미료로 사용합니다. 유럽의 육류 요리에서 빼놓을 수 없는 후추는 아시아 지역에서 전해진 것으로 중세 유럽에서는 금과 같은 가격이었다고 합니다. 스파이스의 대부분은 열대성 식물로서 서남아시아 품종은 추위에 약한 편입니다.

고추 도감

다양한 산지의 고추 품종을 소개합니다.

하늘 고추

일본에서는 '매의 발톱'이라고 불리는 품종. 매운맛이 강합니다.

베트남 오렌지 고추

베트남 품종. 귀여운 외양과는 달리 매운맛이 강합니다.

후시미 고추

교토 산지의 오래된 품종. 적당히 매운맛으로 조림 등 다양한 요리에 널리 사용됩니다.

섬고추

오키나와에서 자라는 소형 품종. 매운맛이 강하고 풍미가 풍부해서 코레구스(오키나와 전통주 아와모리에 고추를 담가 만든 조미료)의 원료입니다.

타이 고추(프릭키누)

타이 요리에서 사용되는 소형 품종. 매운맛이 강하고 똠양꿍 등의 요리에 사용됩니다.

하바네로

세계에서 가장 매운맛을 자랑하는 멕시코 품종. 매운맛 속에 감귤 같은 향이 있습니다.

아히 리모

페루 산지의 소형 품종. 현지에서는 생으로 먹는 경우도 있습니다.

우리나라 고추

매운맛이 강하고 김치나 찌개 등에 사용됩니다.

스파이스 도감

묘목이나 품종은 쉽게 마트 등에서도 구할 수 있습니다.

울금(터머릭)

생강의 한 종류로 옛날에는 노란색을 내는 염료로도 사용되었습니다. 단무지나 카레의 노란색에 가깝습니다. 여러 품종 중 '가을 울금'은 담낭이나 간의 기능을 좋게 하는 커큐민이 풍부하고, 재배하기도 쉬운 품종입니다.

재배

❶ 깊은 컨테이너를 준비합니다. 울금 종자가 크다면 자릅니다.
❷ 5월에 울금 순을 위로 향하게 하여 10~15cm 간격으로 심습니다.
❸ 2개월 간격으로 줄기 밑동에 한 줌 정도 덧거름을 주면 좋습니다.
❹ 가을에 잎이 마르면 수확합니다. 식용으로 보존하는 경우에는 건조시키고, 이듬해 심을 경우에는 톱밥이나 신문지로 싸서 건조하지 않은 장소에 보관합니다.

월계수

양식에서 자주 쓰이는 스파이스로, 노지에서 기르면 10m 이상 크게 자라는 나무입니다. 화분에 심어도 잎을 수확하면서 키우는 것이 가능한 식물입니다.

재배

❶ 묘목을 준비하고, 그보다 2배 이상 큰 화분을 준비합니다.
❷ 포트에서 묘목을 꺼내 뿌리가 너무 자랐거나 갈색인 부분이 있다면 가볍게 정리합니다.
❸ 비옥한 토양을 좋아하기 때문에 봄이나 가을에 덧거름을 뿌립니다.
❹ 잎은 허브로도 사용할 수 있으며, 짙은 녹색을 띨수록 향이 강합니다. 줄기는 자주 손질해서 작은 수형으로 키웁니다.

깨

아프리카가 원산지로, 예로부터 건강에 유익한 재료로 여겨져 특히 검은깨는 약용으로 사용되었습니다. 커다란 컨테이너에서 키우는 것이 가능하지만, 열매가 숙성하기 시작하면 튀어나오기 때문에 수확 시기가 중요합니다.

재배

❶ 4월 하순에서 5월, 10cm 정도 간격으로 씨앗을 심습니다.
❷ 5월 중순에서 6월, 키가 5~10cm로 자라면, 한 곳에 2개 정도 줄기가 자랄 수 있도록 정리합니다.
❸ 7~8월에는 작은 꽃이 피고, 그 후 열매가 달립니다.
❹ 꼬투리가 노랗게 변하면서 줄기 밑부분의 잎이 마르기 시작하면 수확에 적합한 시기입니다. 줄기째로 잘라 꼬투리가 있는 부분을 털면 깨가 나옵니다.

처빌
Chervil

과명 미나리과(산형과)
원산지 유럽 중부에서 아시아 서부

오픈 샌드위치에 곁들이면 산뜻한 풍미가 입안에 가득 퍼집니다.

프랑스 요리에서 없어서는 안 되는 허브

처빌, 파슬리, 파이브, 타라곤 등의 허브를 잘게 다져 믹스한 것을 프랑스에서는 '핀 제르브(Fines herbes)'라고 부르며, 다양한 요리에 사용됩니다.

산뜻한 풍미와 우아함을 지닌 허브

과일과 같은 산뜻한 향을 내는 허브입니다. 카로틴, 비타민C, 철분, 마그네슘 등이 포함되어 있으며 해열과 혈액순환에 도움을 줍니다. 고기나 생선 요리에 넣어 향을 더하거나 양파와 생크림으로 만든 수프에 넣거나 소스, 오믈렛의 속 재료로도 잘 어울립니다. 다른 채소들과 함께 샐러드로도 즐길 수 있습니다. 레이스처럼 보이는 아름다운 꽃도 샐러드나 수프의 토핑으로 사용할 수 있지만, 시기가 지나면 잎이 질겨지므로 주의해주세요.

처빌 차로 깨끗한 피부 만들기
처빌 차를 로션 대용으로 사용하면 피부의 더러움을 깨끗이 닦아낼 수 있습니다. 팽팽함을 되찾아주기 때문에 주름 방지용으로 사용할 수 있습니다. 차는 입욕제로도 사용할 수 있습니다.

디톡스 작용
혈행 개선에 효과가 있으며, 땀을 배출하고 소화하는 데 도움을 줍니다. 정화 작용을 하는 것으로도 알려져 있습니다.

뿌리의 활용
뿌리 부분을 구우면 감자 같은 맛이 납니다. 집에서 키운다면 한번 즐겨보세요!

재배와 수확 | 꽃이 피는 줄기를 잘라내면 더 오랫동안 즐길 수 있습니다.

파종
씨를 뿌리고 1~2개월 안에 수확할 수 있습니다. 옮겨심기를 싫어하기 때문에 화분에 바로 씨앗을 뿌리는 것을 추천합니다. 씨앗은 발아율이 좋지 않기 때문에 많이 뿌려 떡잎이 나오면 솎아냅니다. 초봄이나 초가을에는 모종이 출하되기도 합니다.

키우는 환경
습기를 머금은 비옥한 용토를 좋아합니다. 여름의 뜨거운 햇살을 받으면 향이 진해지는 만큼 잎도 질겨지기 때문에 반그늘에서 키우는 것이 좋습니다.

수확
줄기 중심부에서 새로운 잎이 계속 자라나기 때문에, 바깥쪽의 잎을 줄기째 잘라 수확해주세요. 초여름에 꽃이 피면서 씨앗을 퍼트리면 줄기가 마르기 때문에, 꽃이 핀 줄기는 잘라냅니다.

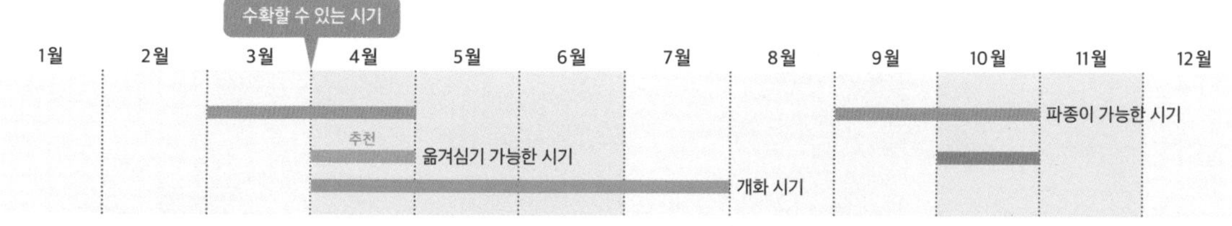

어린잎 채소
Mesclun greens

하드 치즈나 블루치즈를 추천

어린잎 채소의 사과 샐러드

재료(2인분)

청사과 … 1/4개
소금 … 약간
어린잎 채소 … 1컵
호두 … 5g
건조 크랜베리 … 5g
레드와인 … 약간
기호에 맞는 치즈 … 적당량
기호에 맞는 드레싱 (44~46쪽 참조) … 적당량

만드는 법

❶ 청사과의 심을 제거하여 2~3mm 두께로 얇게 썰고 소금물에 담가둡니다.
❷ 어린잎 채소는 물에 잘 씻고 호두는 잘게 다져줍니다. 건조 크랜베리는 레드와인을 부어 가볍게 조물거린 다음 얇게 썰어줍니다.
❸ 치즈를 잘게 부순 다음 준비한 모든 재료와 섞어줍니다. 기호에 맞는 드레싱을 뿌립니다.

키우기 쉽고 영양소도 듬뿍 담긴 샐러드 잎

어린잎은 생장을 마친 잎에 비해 더 많은 영양소를 포함하고 있습니다. 크기가 작아 잎을 자르지 않아도 되기 때문에 영양분 손실이 적고, 잎이 연하고 부드러워 많이 섭취할 수 있습니다. 상추, 적상추, 루콜라, 머스터드, 소송채, 케일, 비트, 갓 등 다양한 채소를 사용할 수 있습니다. 여러 품종의 씨앗을 섞어 키우면 나만의 어린잎 채소 믹스를 즐길 수 있습니다.

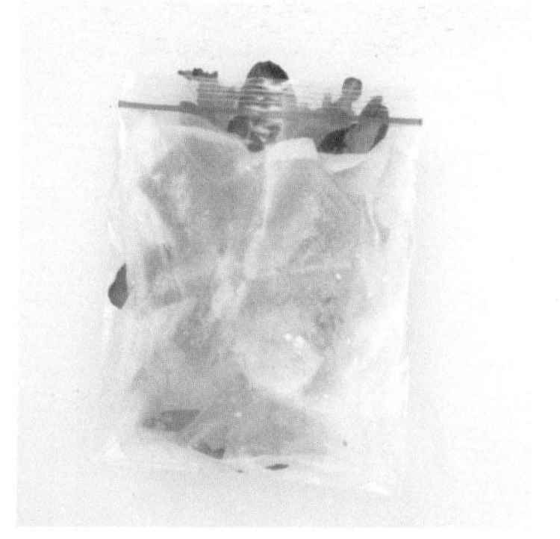

어린잎 채소 보관법
커다란 볼에 물을 채우고 어린잎 채소를 넣습니다. 충분히 수분을 머금게 한 다음 물기를 제거합니다. 키친타월로 감싸 지퍼백에 넣고 냉장고의 채소 칸에 보관합니다.

나만의 어린잎 믹스 만들기
상추, 적상추, 로메인 상추, 치커리, 잎상추, 루콜라, 경수채, 겨자잎, 갓, 순무, 소송채, 다채(비타민채), 엔다이브, 케일, 시금치, 비트, 청경채, 적치커리, 바질, 처빌, 파슬리 등 좋아하는 채소를 골라보세요. 여러 씨앗을 섞어 나만의 어린잎 믹스를 만들어봅시다. 이탈리안, 프렌치, 오리엔탈 등 요리 테마를 기준으로 조합해도 좋습니다.

재배와 수확 | 봄에서 가을까지 수확할 수 있습니다.

심기
컨테이너에 직접 씨앗을 뿌린 뒤 씨앗이 안 보일 정도로만 흙을 덮어줍니다. 발아할 때까지 흙이 마르지 않도록 물을 줍니다.

솎음질 ~ 수확
주변 잎과 부딪히는 잎은 뽑아주세요. 뽑은 어린싹은 먹을 수 있습니다. 잎이 4~5cm 크기로 자라면 중심부의 작은 잎은 그냥 두고 바깥쪽의 잎부터 가위로 잘라 수확합니다.

키우는 환경 ~ 비료
햇볕이 잘 드는 장소에서 키우고, 본잎이 나오기 시작하면 2주에 한 번씩 액체 비료나 완효성 비료(효과가 천천히 나타나서 오래 지속되는 비료)를 뿌립니다.

수확할 수 있는 시기

1월	2월	3월	4월	5월	6월	7월	8월	9월	10월	11월	12월

파종이 가능한 시기

키우기 쉬운 향미 채소

향미 채소란?

고기나 생선의 잡내를 잡아주고 독특한 향을 더해 음식 맛을 살려주는 채소를 말합니다. 여기에는 물론 허브도 포함됩니다. 셀러리나 파와 같은 채소도 비슷한 효과를 내기 때문에 향미 채소라고 볼 수 있습니다. 향미 채소를 작은 화분에 키우면 필요할 때 바로바로 사용하기 좋습니다.

파 도감

활용도가 높은 파의 친구들을 키워봅시다.

쪽파

쪽파는 양파와 파의 잡종으로, 구근이 있어야 키울 수 있습니다. 따뜻한 지역에서 많이 재배됩니다.

재배

❶ 8~10월, 구근을 2~3개로 나눠서 얇은 피를 벗겨낸 뒤 구근 윗부분이 지면 위로 보이도록 심어줍니다.
❷ 잎이 10cm 정도 자라면 비료를 주 1회 정도 적당량 뿌립니다.
❸ 잎이 20~30cm 자라면 뿌리에서 4~5cm 높이에서 잘라내 수확합니다. 지면 가까이서 수확하면 나중에 나오는 잎이 자라기 어렵기 때문에 주의해야 합니다. 다시 잎이 자라나면 잘라내서 두 번 수확하는 것이 가능합니다.
❹ 다음 시즌에도 키우고 싶다면, 쪽파 구근(종구)을 잘 보관해주세요. 잎을 생장시키면 5월쯤 구근이 자라고 잎이 마르면서 휴면 상태에 들어갑니다. 파낸 구근은 흙을 털어내고, 통풍이 잘되는 양지에서 잘 건조시킵니다.

부추

예로부터 중국과 일본에서 재배되어온 채소. 더위와 추위에 강하고, 한 번 발아하면 1년에 몇 번이고 수확할 수 있습니다.

재배

❶ 컨테이너에 채소용 배양토를 넣어 준비합니다. 3월에 5cm 간격으로 깊이 1cm의 구멍을 판 다음 구멍에 3~4개 정도의 씨앗을 넣습니다. 흙을 덮고 물을 듬뿍 준 뒤 따뜻한 장소에서 관리합니다.

❷ 여름에는 10cm 정도로 자라기 때문에 합성비료를 한 움큼씩 뿌리 주변에 뿌립니다.

❸ 그다음 20cm 정도까지 자라면 일단 잘라줍니다. 한 달 만에 잎이 다시 자라나므로 이후에 원하는 길이로 수확합니다. 수확한 후에는 비료를 꼭 챙겨주세요.

마늘

중앙아시아 산지로, 서늘한 기후를 좋아하고 더위에 약한 편입니다. 알리신이라는 성분 때문에 특유의 냄새를 풍기며 살균, 항균 효과가 있습니다. 피로 회복에 도움이 되는 스테미너 채소입니다.

재배

❶ 시중에 판매되는 것은 냉동보존하여 '발아 억제'한 것으로 구근으로 사용하기에는 적합하지 않습니다. 중간 지역이나 따뜻한 지역의 구근이나 모종을 준비합시다.

❷ 9월 하순에서 10월 하순, 깊은 화분을 준비하고 채소용 배양토에 2~3할의 완숙비료를 섞어줍니다.

❸ 구근은 하나씩 나눠서 껍질을 벗겨냅니다. 싹을 위로 해서 5cm 정도 깊이에 심습니다.

❹ 5월 하순~6월 하순, 뿌리 부분을 잡고 뽑아내서 수확합니다. 겹치지 않게 펼쳐두고 건조시킵니다. 그 후에는 통풍이 잘되는 밝은 그늘에 매달아서 보관합니다.

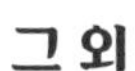

그 외

양하

생강의 친척으로 한번 심으면 3~4년은 크게 신경 쓰지 않아도 수확할 수 있는 향미 채소입니다.

재배

❶ 묘종(봄에 원예원에서 판매)과 30cm 이상의 깊이가 있는 화분을 준비합니다. 화분에는 배양토를 넣습니다.

❷ 깊이 7~8cm의 구멍을 파고 묘목을 심습니다. 싹 부분이 위를 향하도록 해주세요. 건조에 약하므로 물을 충분히 줍니다.

❸ 새로운 싹이 지상으로 올라오면 배엽토나 비료를 줍니다. 건조되지 않도록 주의해주세요.

❹ 1년간 수확하지 않고 잎을 무성하게 하고 줄기를 탄탄하게 만들면 2년째부터는 많이 수확할 수 있습니다.

허브로 맛있게 즐기는 레시피

허브를 곁들인 정어리와 감자 샐러드 롤 소테

재료(2인분)

정어리 … 4마리
소금 … 1/2작은술
후추 … 약간
감자 샐러드 … 100g
식용유 … 적당량
곁들이는 허브 기호에 맞게 … 적당량

만드는 법

❶ 정어리는 내장을 제거하고 손질해서 양면에 소금과 후추를 뿌려 밑간합니다.
❷ 밑간해둔 정어리에 감자 샐러드를 올려서 말아준 다음 이쑤시개를 사용해 롤 모양을 만듭니다.
❸ 프라이팬에 식용유를 두르고 달군 다음 ❷의 정어리를 올려 둥글리면서 구워줍니다. 전체적으로 노릇노릇해지면 뚜껑을 덮고 약불에서 3~5분간 익힙니다.
❹ 이쑤시개를 빼고 접시에 올려 기호에 맞는 허브를 곁들입니다.

버섯과 고추 마리네

재료(2인분)

표고버섯 … 1팩
팽이버섯 … 1팩
잎새버섯 … 1팩
양송이버섯 … 1팩
A | 화이트와인식초 … 100ml
소금 … 1/2작은술
물 … 200ml
겨자씨 … 1작은술
월계수잎 … 2장
홍고추 … 2개
올리브오일 … 100ml

만드는 법

❶ 버섯은 밑동을 제거하고 손질합니다. 표고버섯은 4등분하고 팽이버섯, 잎새버섯은 먹기 좋은 크기로 찢고, 양송이버섯은 세로로 길게 반 자릅니다.
❷ 냄비에 A를 넣고 끓인 다음 손질한 버섯을 넣습니다. 버섯이 떠오르지 않게 휘젓고, 뚜껑을 덮은 다음 4~5분간 졸여줍니다.
❸ 열탕소독을 한 유리병에 조린 버섯과 국물을 80% 정도로 채운 다음 월계수 잎과 홍고추를 넣고 올리브오일을 병 입구 아래로 2~3cm까지 넣어줍니다. 뚜껑을 닫고 1~2시간 절여줍니다. 냉장고에서는 1개월까지 보관할 수 있습니다.

빙어 허브 마리네 남반
(재료를 튀긴 후 새콤달콤한 소스로 버무리는 요리)

재료(만들기 쉬운 분량)

빙어 … 15마리
소금 … 조금
양파 … 1/4개
파프리카 … 1/3개
레몬 … 1/2개
홍고추 … 1개
A | 간장 … 2큰술
  | 미림, 맛술 각각 … 1큰술
허브(타임, 딜 등) … 적당량
밀가루, 식용유(튀김용) … 적당량

만드는 법

❶ 빙어는 소금을 뿌려 밑간한 다음 물기를 제거합니다.
❷ 양파, 파프리카를 얇게 채 썰고, 레몬은 반으로 잘라 얇게 썰고, 홍고추도 작게 썰어줍니다.
❸ A를 섞은 다음 ❷와 허브를 넣습니다.
❹ ❶의 빙어에 밀가루를 묻히고 180도의 기름에서 튀겨냅니다. 뜨거울 때 ❸의 소스에 10분 정도 담가둡니다.

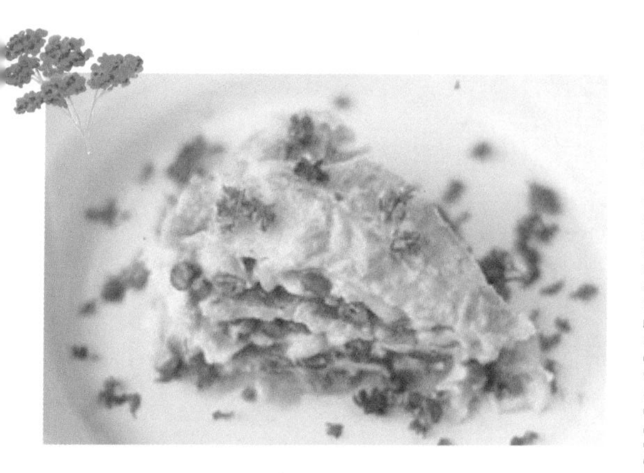

어린 강낭콩과 파슬리 치즈 오믈렛

재료(2인분)

어린 강낭콩 … 6개
달걀 … 4개
A | 블루치즈 … 30g
  | 우유, 생크림 각각 … 2큰술
식용유 … 약간
파슬리 … 적당량

만드는 법

❶ 어린 강낭콩을 데쳐 3~4cm 길이로 자릅니다. 블루치즈는 작게 자릅니다.
❷ 달걀을 푼 다음 A와 ❶을 넣고 잘 섞어줍니다.
❸ 프라이팬에 식용유를 두르고 달군 다음 ❷의 달걀물을 넣고 중불에서 익힙니다. 먹기 좋게 익으면 반으로 접고 3등분으로 잘라 겹쳐줍니다. 그 위에 다진 파슬리를 뿌립니다.

오쿠라와 흰살생선의 민트 샐러드

재료(2인분)

오쿠라 … 8개
A | 민트(다진 것) … 1큰술
  | 마늘(간 것) … 1쪽분
  | 레몬즙 … 1큰술
  | 올리브오일 … 2큰술
  | 소금 … 1/3작은술
흰살 생선회 … 100g

만드는 법

❶ 오쿠라는 꼭지를 떼고 그 주변을 칼로 잘라 정리합니다. 소금으로 문지르고 가볍게 데친 다음 식힙니다.
❷ 데친 오쿠라 중 4개를 5mm 길이로 어슷썰기 하고, 남은 오쿠라는 잘게 다져 A와 섞어 소스를 만듭니다.
❸ 오쿠라를 접시에 올리고 흰살 생선회를 얹은 다음 ❷를 뿌립니다.

오레가노와 옥돔의 리소토

재료(만들기 쉬운 분량)

풋콩 … 100g(콩만 준비)
A | 따뜻한 물 … 600ml
  | 치킨스톡(고형) … 2개
마늘(간 것) … 1쪽분
쌀 … 1컵
옥돔 … 1조각
오레가노 잎 … 약간
가루 치즈 … 약간
소금, 후추 … 약간
올리브오일 … 적당량

만드는 법

❶ 풋콩을 삶아 껍질에서 콩을 분리합니다. A에 넣고 수프를 만듭니다.
❷ 프라이팬에 올리브오일을 두르고 마늘을 볶아 향을 낸 다음 쌀을 넣고 중불로 볶아줍니다.
❸ 쌀이 뜨거워지면 ❶의 수프를 쌀이 잠길 정도로 붓고 섞어줍니다. 수프를 계속 더하면서 쌀이 타지 않도록 주의해서 졸여주세요. 쌀이 익어 적당히 단단해지면 가루 치즈를 넣고 소금과 후추를 더해 맛을 낸 다음 풋콩을 넣습니다.
❹ 옥돔은 달군 올리브오일로 양면을 바삭하게 굽고 소금과 후추로 간을 합니다. 그릇에 리소토를 담고 그 위에 옥돔을 올린 다음 오레가노 잎을 뿌립니다.

세이지 풍미의 돼지고기 소테

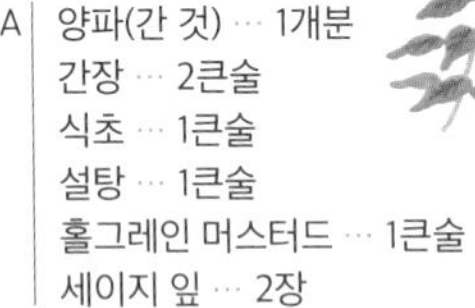

재료(1접시분)

돼지 로스 … 1장
식용유 … 적당
브로콜리(작게 나눈 것) … 3~4개
파슬리 … 약간

A
양파(간 것) … 1개분
간장 … 2큰술
식초 … 1큰술
설탕 … 1큰술
홀그레인 머스터드 … 1큰술
세이지 잎 … 2장

만드는 법

❶ 돼지고기의 힘줄은 잘라내고 A를 잘 섞어 20~30분간 재워둡니다.
❷ 프라이팬에 식용유를 두르고 달군 다음 돼지고기를 올려 중불에 굽습니다. 양면이 노릇노릇해지면 A를 넣고 고기를 약불에서 완전히 익힙니다.
❸ 접시에 담고, 다진 파슬리를 뿌리고 사이드로 데친 브로콜리를 놓습니다.
※양파가 많이 매운 경우에는 물에 담가 매운기를 제거하고 사용합니다.

차조기와 경수채 밥

재료(만들기 쉬운 분량)

쌀 … 2컵 분량
술 … 2큰술
경수채 … 한 다발
차조기 … 10장
소금 … 1작은술

A
소금 … 1작은술
채 썬 다시마 … 10cm
우메보시(매실장아찌 ※씨는 빼주세요) … 2개
잔멸치 … 30g

깨 … 약간

만드는 법

❶ 쌀을 씻어서 체에 밭친 다음 30분간 둡니다. 전기밥솥에 쌀과 술을 넣고 눈대중으로 물을 더해 A를 넣고 밥을 짓습니다.
❷ 밥이 완성될 때까지 경수채를 송송 썰어서 소금에 절인 다음 물기를 짜줍니다. 차조기는 채썰기 합니다.
❸ 밥에 든 우메보시를 으깨서 섞은 다음 ❷와 깨를 넣고 섞어줍니다.

고수와 콜리플라워의 스파이스 샐러드

재료(2인분)

콜리플라워 … 1개
감자 … 1개
소금, 후추 … 적당량
토마토 … 1/4개
카레 드레싱 … 3큰술
고수(다진 것), 검은 깨 … 적당량

만드는 법

❶ 콜리플라워를 한입 크기로 나눠 삶은 다음 물기를 제거합니다. 감자는 먹기 좋은 크기로 잘라 삶은 다음 물기를 제거하고 소금과 후추를 뿌려 밑간합니다. 토마토는 1cm 두께로 얇게 썰어둡니다.
❷ 카레 드레싱(45쪽 참조)과 다진 고수, 검은 깨를 적당량 넣고 버무려주세요.

타임과 콩의 마카로니 파스타

재료(1접시분)

양파 … 1/4개
셀러리 … 1/2개
감자 … 1개
올리브유 … 2큰술
돼지고기(간 것) … 50g
물 … 4컵
강낭콩(통조림) … 120g
월계수 잎 … 1장
타임, 소금, 후추 … 적당량
마카로니 … 80g
치즈 가루 … 3큰술
파슬리(다진 것) … 적당량

만드는 법

❶ 양파, 셀러리를 다져줍니다. 감자는 2cm 크기로 깍둑썰기 합니다.
❷ 냄비에 올리브오일을 두르고 돼지고기 간 것을 볶아줍니다. 돼지고기가 고슬고슬해지면 다진 양파와 셀러리를 넣고 부드러워질 때까지 볶아줍니다.
❸ ❷에 물과 강낭콩, 월계수 잎, 타임, 썰어둔 감자, 소금 약간을 넣고 뚜껑을 덮고 약불에서 30분간 졸여주세요.
❹ 강낭콩의 절반 정도를 건져내 믹서기에 돌려 퓌레 상태로 만듭니다. ❸에 마카로니를 넣고 좀 더 익힙니다. 퓌레를 다시 넣고 소금과 후추로 간을 한 다음 치즈 가루, 다진 파슬리를 더합니다.

대합 허브 구이

재료(2인분)
버터 … 1.5큰술
마늘(저민 것) … 1개분
빵가루 … 1/2컵
기호에 따라 다진 허브(타임, 로즈메리, 이탈리안 파스타 등) … 2작은술
대합(껍데기째)… 10~12개
화이트와인 … 적당량
소금, 후추 … 약간

만드는 법
❶ 프라이팬에 버터와 마늘을 넣고 약불에서 천천히 볶아줍니다. 약간 갈색이 되면 빵가루와 허브를 넣어 섞은 다음 전체가 촉촉해지면 불을 끕니다.
❷ 냄비에 대합을 넣고 화이트와인을 뿌린 다음 뚜껑을 덮고 익힙니다. 대합의 입이 벌어지면 소금과 후추로 간을 합니다.
❸ 내열 그릇에 대합을 넣고 ❶을 뿌려 180도에 예열된 오븐에 넣고 빵가루가 노릇노릇해질 때까지 구워줍니다.

소고기와 고구마 매콤 볶음

재료(1접시분)
고구마 … 1개
얇은 소고기 … 100g
A | 간장, 술 각각 … 조금
전분 … 약간
생강(다진 것) … 약간
식용유 … 2큰술
B | 설탕, 간장, 술 각각 … 2작은술
차이브(다진 것) … 적당량

만드는 법
❶ 고구마를 7~8mm 두께의 반달 모양으로 자른 다음 물에 담궈 떫은맛을 제거합니다. 소고기는 한입 크기로 자르고 A에 재워둡니다.
❷ 프라이팬에 식용유를 두르고 달군 다음 잘라둔 고구마를 넣고 다 익을 때까지 약불로 볶아줍니다.
❸ 프라이팬 가장자리로 익은 고구마를 옮기고, 프라이팬 가운데에 ❶의 소고기를 올려 강불에서 볶아줍니다.
❹ 소고기가 잘 익으면 고구마까지 전부 섞고 B를 더한 다음 다시 섞어줍니다. 완성되면 다진 차이브를 뿌립니다.

어린잎 안초비 샐러드

재료(1접시분)
어린잎(어린 시금치) … 1컵
안초비 … 4장
올리브오일 … 1작은술
건조 크랜베리 … 5g
레드와인 … 약간
소금 … 약간
치즈 가루 2큰술

만드는 법
❶ 어린잎을 흐르는 물에 깨끗이 씻어줍니다.
❷ 안초비는 2cm 폭으로 잘라 달군 프라이팬에 올리브오일을 두른 다음 노릇노릇해질 때까지 구워줍니다.
❸ 건조 크랜베리는 레드와인을 부어 가볍게 조물거린 다음 얇게 썰어줍니다.
❹ ❶에 소금을 뿌리고 모든 재료를 넣고 섞은 다음 치즈 가루를 뿌립니다.

허브를 돋보이게 하는 드레싱 

드레싱 만드는 법

❶ 식초 등에 소금을 넣고 잘 섞어 소금을 녹입니다.

❷ 오일을 살짝 더한 다음 섞어줍니다. 수분과 오일이 섞이면서 점성이 생기면 완성입니다.

샐러드 만드는 법

❶ 잎채소는 결을 따라 먹기 쉬운 크기로 자릅니다.

❷ 자른 잎은 물을 가득 담은 볼에 넣고 손으로 가볍게 누르면서 깨끗이 씻어줍니다.

❸ 체에 받쳐 물기를 제거하고 키친타월 위에 올려 남은 물기를 제거합니다. 냉장고에 30분 정도 넣어두면 아삭한 식감을 즐길 수 있습니다. 드레싱을 볼에 넣고 준비한 채소를 더해 손으로 가볍게 섞어줍니다.

프렌치 드레싱

재료

식초 50~60ml, 홀그레인 머스터드 1작은술
양파(간 것) 30g, 마늘(간 것) 약간
소금 1작은술, 후추 약간, 식용유 200ml

만드는 법

식용유 이외의 재료를 섞고 식용유를 조금씩 더하면서 섞어줍니다.

안초비 허브 드레싱

재료

안초비(다진 것) 2개분
기호에 따라 다진 허브(이탈리안 파슬리, 바질 등) 2큰술, 식초 3큰술, 소금, 후추 약간
올리브오일 3큰술

만드는 법

올리브오일 이외의 재료를 전부 섞고 올리브오일을 조금씩 더하면서 섞어줍니다.

중화풍 깨 드레싱

재료

식초 2큰술, 간장 1큰술, 설탕 1작은술
깨 1큰술, 식용유 2큰술, 고추기름 적당량

만드는 법

식용유 이외의 재료를 전부 섞고 식용유와 고추기름을 조금씩 더하면서 섞어줍니다.

오일 드레싱

식용유, 올리브유, 참기름으로 만드는 드레싱입니다.

깨와 된장 드레싱

재료
된장 1큰술, 깨(간 것) 2작은술, 식초 2큰술
미림 2작은술, 식용유 4큰술

만드는 법
식용유 이외의 재료를 전부 섞고 식용유를 조금씩 더하면서 섞어줍니다.

양파 드레싱

재료
양파(간 것) 1/3개분, 식초 1작은술
소금, 후추 약간

만드는 법
모든 재료를 잘 섞어줍니다.

카레 드레싱

재료
카레가루 1작은술, 식초 4큰술
간장 1작은술, 후추 약간, 식용유 1큰술

만드는 법
식용유 이외의 재료를 전부 섞고 식용유를 조금씩 더하면서 섞어줍니다.

당근 드레싱

재료
당근(간 것) 1/2개분, 식초 1큰술
소금 한 꼬집, 식용유 2큰술

만드는 법
식용유 이외의 재료를 전부 섞고 식용유를 조금씩 더하면서 섞어줍니다.

꿀과 머스터드 드레싱

재료
꿀, 홀그레인 머스터드 각각 1큰술
레몬즙 1큰술, 올리브오일 3큰술

만드는 법
올리브오일 이외의 재료를 전부 섞고 올리브오일을 조금씩 더하면서 섞어줍니다.

무 드레싱

재료
무 1/6개분, 식초 1큰술, 간장 1/2큰술
소금, 후추 약간, 식용유 2큰술

만드는 법
무를 갈아준 다음 즙을 짜냅니다. 남은 재료를 더해 잘 섞어줍니다.

가츠오부시 드레싱

재료
가츠오부시 1/2컵, 깨 2큰술, 간장 3큰술
설탕 1큰술, 식용유 4큰술

만드는 법
식용유 이외의 재료를 전부 섞고 식용유를 조금씩 더해주면서 섞어줍니다.

청차조기 드레싱

재료
차조기(다진 것) 20개분, 식초 2큰술
간장 약간, 소금 1/2작은술, 식용유 3큰술
참기름 1작은술

만드는 법
식용유 이외의 재료를 전부 섞고 식용유와 참기름을 조금씩 더하면서 섞어줍니다.

사과 드레싱

재료
사과(간 것) 1/2개분, 양파(간 것) 1/2개분
생강(간 것) 1개분, 레몬즙 1개분
저염 간장 1작은술,
소금, 후추 적당량, 올리브오일 1큰술

만드는 법
모든 재료를 잘 섞어줍니다.

크림 드레싱

마요네즈나 유제품을 사용해 점도가 있는 드레싱입니다.

와사비 마요네즈

재료
마요네즈 5큰술, 와사비 절임 2큰술

만드는 법
모든 재료를 잘 섞어줍니다.

오이 마요네즈

재료
마요네즈 5큰술, 오이 1개, 양파 1/4개

만드는 법
오이와 양파를 갈아준 다음 수분을 가볍게 제거하고 마요네즈와 잘 섞어줍니다.

안초비 마요네즈

재료
마요네즈 50g, 우유 1큰술
안초비(다진 것) 2개분
양파(다진 것) 약간, 케이퍼(다진 것) 8개

만드는 법
모든 재료를 잘 섞어줍니다.

된장 마요네즈

재료
된장 1큰술, 설탕 2작은술, 달걀노른자 1개,
마요네즈 5큰술

만드는 법
마요네즈 이외의 재료를 전부 섞고
마요네즈를 더하면서 잘 섞어줍니다.

두유 마요네즈

재료
마요네즈 4큰술, 두유 2큰술
화이트 와인식초 1작은술, 꿀 1/3작은술,
소금, 후추 약간

만드는 법
모든 재료를 잘 섞어줍니다.

참치 타르타르

재료
마요네즈 50g, 캔 참치 30g,
생크림, 우유 각 2작은술,
케이퍼(다진 것) 1작은술, 양파(다진 것) 10g
소금, 후추 약간

만드는 법
모든 재료를 잘 섞어줍니다.

시저

재료
마요네즈 2.5큰술, 안초비(다진 것) 2장분
치즈 가루 2큰술, 올리브오일, 식초,
플레인 요거트 각 1큰술,
마늘(간 것) 1/2쪽분, 후추 약간

만드는 법
모든 재료를 잘 섞어줍니다.

상큼 치즈

재료
크림치즈 2큰술, 플레인 요거트 3큰술,
식용유, 식초 각 1큰술, 레몬즙 1큰술
소금, 후추 약간

만드는 법
모든 재료를 잘 섞어줍니다.

크림 레몬

재료
레몬즙 1큰술, 생크림 40ml
소금, 후추 약간, 올리브오일 60ml

만드는 법
올리브오일 이외의 재료를 전부 섞고, 올리브오일을 조금씩 더하면서 잘 섞어줍니다.

허브 재배의
기본과 포인트

꼭 알아야 할 재배 포인트

흙

컨테이너 박스나 화분에서처럼 일정한 양의 흙으로 키우는 경우에는, 흙의 질이 식물의 성장을 크게 좌우합니다. 허브용, 채소용 배합토 기성품을 사용하는 것이 좋아요. 원예 가게에서 다양한 종류의 흙을 구비하고 있으니, 각각의 차이와 특성을 알아두는 것이 중요합니다.

• 부엽토, 퇴비

배수를 조절하고, 뿌리가 호흡하기 좋은 조건을 만들어주는 토양 개량재입니다. 버미큘라이트(질석), 펄라이트, 피트모스 등도 사용법이나 목적에 맞추어 사용할 수 있습니다.

• 배양토

흙과 토양 개량제가 섞여 있으며, '원예용 배양토', '허브용 흙', '채소용 원예용토' 등 포장지에 안내된 내용을 확인하여 구입하세요. 대부분의 배양토에는 '원비'라고 불리는 비료가 포함되어 있습니다. 채소용이라면 3~4개월 정도 키울 수 있는 양의 비료가 포함되어 있기 때문에 그 후에는 비료를 추가해야 합니다.

• 적옥토

대표적인 원예용 흙으로, 물 빠짐이 좋습니다. 부엽토 등 유기물이 섞여 식물에 맞는 양의 배양토를 만들기 위한 흙입니다.

화분(컨테이너 박스)

기르고자 하는 식물의 특성을 충분히 고려해 선택해주세요. 번식력이 왕성하고 뿌리가 계속 확장하는 민트(여러해살이풀) 같은 식물은 조금 큰 화분을 선택하는 것이 좋습니다. 반면 키가 크게 자라는 식물에는 깊은 화분이 적합해요. 식물의 생장 상태에 맞춘 분갈이를 해야 뿌리가 잘 자라고 순조롭게 성장할 수 있습니다. 다만 처음부터 식물의 크기에 비해 너무 큰 화분에 심으면 과습의 우려가 있으니 주의해야 합니다.

• 토분

흙 속의 수분이 토분의 표면을 통해 증발하기 때문에 건조한 환경을 좋아하는 허브에 적합합니다. 여름철에는 기화열로 화분 속 온도가 내려가는 효과가 있어, 햇볕이 잘 드는 베란다에 두면 좋습니다. 크기가 클수록 무거워지므로 전체 무게도 고려해주세요.

• 플라스틱 화분

같은 양의 흙을 넣어도 토분보다 훨씬 가볍습니다. 물을 잘 머금고 있기 때문에 한여름에 물을 자주 주는 것에 자신이 없는 사람에게 추천합니다. 최근에는 디자인도 다양해져 취향에 맞는 화분을 고르기도 훨씬 수월합니다. 다만 합성수지로 만들어진 화분은 자외선에 노화되기 때문에 3년 이상 지나면 교체해주세요.

HOME

물

흙의 표면이 마르면 물을 주는 것이 기본이지만, 먼저 식물의 상태를 파악하는 것이 가장 중요합니다. 잎이 처지지 않고 팽팽한지 매일매일 관찰해주세요. 초보자들이 흔히 하는 실수 중 하나는 물을 너무 자주 주는 것입니다. 흙이 마르지 않으면 뿌리가 숨쉬기 힘들어지고 잎이 시들해집니다. 한편 식물이 야외에서 비를 피할 수 없는 곳에 있다면 그날그날 날씨를 체크하여 물을 줘야 합니다. 더운 한여름에는 아침저녁 두 번 줘야 할 수도 있으니, 식물이 자라는 환경, 식물의 종류, 생장 상태에 따라 물주기를 달리 해야 하는 것이 핵심입니다.

비료

시판용 배양토에는 '원비'라는 비료가 들어 있긴 하지만, 생장 기간이 긴 다년초, 과일나무의 경우에는 1년에 몇 번씩 비료를 추가하는 것이 필요합니다. 화학비료는 냄새가 강하지 않아 초보자도 쉽게 다룰 수 있습니다. 유기비료에는 깻묵이나 골분 등 다양한 종류가 있는데, 분해호흡(산소가 없는 상태에서 행해지는 호흡)을 하는 데 시간이 걸리기 때문에 그 중간의 유기배합비료가 사용하기 쉽습니다. 비료를 주면 쑥쑥 잘 자라지만, 너무 많이 사용하면 병충해가 발생하거나 향이 옅어지는 경우가 있기 때문에 적당히 사용해주세요.

병충해

병충해가 발생하면 신속하게 대책을 찾아야 하지만, 집에서 소규모로 기르는 식물에 굳이 농약을 쓰고 싶은 사람은 많지 않습니다. 유충 정도는 손으로 잡아 없앨 수 있고, 잎의 뒷면에 알을 낳는 경우가 있으니 수시로 체크해주세요. 진딧물도 쓸거나 털어내는 간단한 방법으로 제거할 수 있습니다. 바람이 잘 통하지 않는 환경에 두면 백분병(잎이나 줄기에 밀가루가 묻은 것처럼 하얗게 되는 병)에 걸리기 쉬우므로 통풍이 잘되는 곳에 화분을 두도록 합시다.

수확

• 키우면서 수확하기

허브는 줄기의 성장 속도에 따라 중간중간 잎을 수확하면서 키울 수 있습니다. 모종일 때 잎을 따면 식물의 성장이 더딜 수 있으니 주의합니다. 튼튼한 줄기와 풍성한 잎을 가졌다면 계속 수확해도 잎을 볼 수 있습니다. 잎을 자주 틔우는 품종은 습기가 차지 않도록 통풍에 신경 써주세요. 또한 아래 잎을 따서 적당히 정리해주는 것이 좋습니다.

알아두면 쓸모 있는 옮겨심기와 분갈이의 기본

허브 모종은 주로 작은 비닐 화분에 심겨 유통됩니다.
비닐 화분은 임시적인 것이니 그대로 키우지 말고, 구입 후 바로 분갈이를 해주세요.

건강한 모종을 고르는 법

잎의 색이 선명하고 줄기가 튼실하며 휘청이지 않는 모종을 선택합니다. 판매하는 곳에서 오래 보관했던 것은 햇볕을 충분히 받지 못해 웃자라거나 뿌리가 화분 바닥의 구멍 밖까지 자라난 경우가 있으니 주의하세요.

- 옮겨심기와 분갈이

❶ 구입한 비닐 화분보다 두 사이즈 정도 큰 화분을 준비합니다. 화분 밑에 있는 물 빠짐 구멍으로 흙이 빠져나오지 않도록 화분 바닥망을 깔아줍니다. 벌레가 들어가지 못하도록 막는 역할도 합니다. 정원에 옮겨 심는 경우에는 큰 구멍을 파고, 비료 등을 넣어 흙에 양분을 보충합니다.

❷ 비닐 화분 안에 있는 뿌리 상태를 확인합니다. 화분 밑부분의 흙을 가볍게 풀어서, 새로 자라는 뿌리가 배양토에 빠르게 적응할 수 있도록 합니다. 비닐 화분에서 꺼낸 뿌리 밑쪽이 갈색으로 변했다면 가위로 자른 뒤 심습니다. 다만 뿌리가 곧게 자라는 파슬리나 고수의 경우에는 비닐 화분에서 꺼낸 흙의 형태 그대로 심습니다.

❸ 새로운 화분에 배양토를 절반 정도의 깊이까지 넣고 그 위에 모종을 올립니다. 화분에 배양토를 꽉 채우지 말고 2~3cm 여유 간격을 두고 채워주세요. 물을 줄 때 흙이 넘치지 않도록 물을 담아두는 공간이 됩니다. 정원에 심는 경우에는 줄기가 시작되는 부분의 위치가 조금 위로 올라가도록 심습니다. 줄기 시작점에 물이 고이지 않게 해주는 것이 포인트입니다.

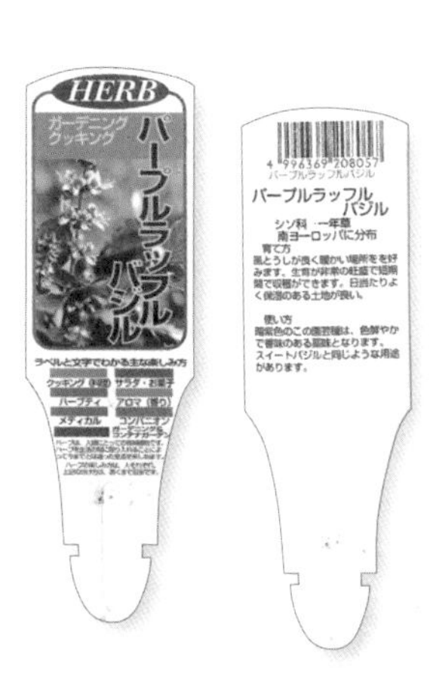

화분에 꽂아두는 라벨에는 이름과 키우는 법 등 중요한 정보가 적혀 있으므로 버리지 말고 잘 보관해주세요.

간편하게 만드는 나만의 허브 정원

바닥에 물 빠짐을 위한 구멍만 뚫으면 화분을 따로 구비하지 않아도
허브를 충분히 키울 수 있습니다. 집에 흔히 있는 재료들로
간단하게 나만의 허브 정원을 뚝딱 만들어보세요!

• 종이컵

씨를 뿌려서 싹을 틔우는 데 편리하게 사용할 수 있습니다. 작은 모종도 옮겨 심을 수 있어요. 그다지 튼튼하지는 않기 때문에 투명한 플라스틱 컵을 사용하면 그대로 장식 효과도 낼 수 있습니다.

• 우유나 주스 등의 종이팩

방수 가공이 되어 있기 때문에 화분으로 멋지게 변신할 수 있습니다. 제품을 사 먹을 때 마음에 드는 패키지가 있는지 한번 살펴보세요.

• 빈 캔

바닥에 못이나 송곳으로 구멍을 뚫어줍니다. 쉽게 녹이 슬기 때문에 오래 사용하는 것은 추천하지 않습니다.

• 요구르트 등 빈 용기

플라스틱으로 된 용기는 사용하기도 편하고 아무데나 놓을 수 있습니다.

• 바구니

비닐을 바닥에 깔 때는 구멍을 몇 군데 꼭 뚫어줍니다. 화분을 비닐로 한 번 더 감싸 물이 새지 않도록 해주세요. 천장이나 높은 곳에 걸어 행잉 플랜트로 사용하면 멋진 플랜테리어가 됩니다.

• 목재

효과적인 방수를 위해 페인트나 니스를 꼭 칠해주세요. 작은 화분 몇 개를 나무 박스에 넣어 장식해도 좋습니다.

허브 번식을 위한 기초 상식

줄기가 잘 자라나면 꺾꽂이나 포기나누기로 허브 개체수를 늘릴 수 있습니다. 꺾꽂이는 가지, 줄기, 잎 따위를 자르거나 꺾어 흙 속에 꽂아 뿌리 내리게 하는 방법이며, 포기나누기는 뿌리에서 난 여러 개의 움을 뿌리와 함께 갈라 나누어 따로 옮겨 심는 방법입니다.

꺾꽂이의 기본

줄기를 땅에 심어 뿌리를 내리는 방법으로 성공률이 높은 편입니다.

꺾꽂이가 가능한 허브: 로즈메리, 바질, 타임 등

• 꺾꽂이 순서

❶ 새로 자란 줄기를 5cm 정도 잘라냅니다. 바로 물에 넣어 30분간 둡니다.

❷ 화분(물 빠짐 구멍이 있는 것)에 꺾꽂이용 흙(버미큘라이트나 전용 흙, 비료가 들어 있지 않은 것)을 준비합니다.

❸ 물에 담아둔 꺾꽂이 순의 밑부분에 달린 잎은 절반을 잘라냅니다. 흙에 나무젓가락을 꽂아 작은 구멍을 낸 다음 꺾꽂이 순의 절반 정도만 넣습니다.

❹ 직사광선이 들지 않는 곳에서 흙이 마르지 않도록 주의하며 관리합니다. 1~2개월 지나면 뿌리가 나오므로 뿌리가 단단히 자랐는지 확인한 뒤에 일반 배양토로 옮겨 심습니다.

포기나누기의 기본

여러해살이풀 허브는 몇 년이고 키울 수 있으므로, 그루터기가 점점 커집니다. 포기나누기를 통해 커진 그루터기를 나눠주어야 허브의 수도 늘어나고 더욱 건강하게 자랄 수 있습니다.

포기나누기가 가능한 허브: 레몬그라스, 레몬밤, 민트, 차이브, 펜넬 등

• 포기나누기의 순서

❶ 화분에서 식물을 빼냅니다. 뿌리가 꽉 차게 자라서 잘 빠지지 않는 경우에는 화분을 가볍게 두드려주세요.

❷ 뿌리가 얽혀 있는 부분은 가위를 세워 넣어 뿌리를 정리합니다. 양손으로 식물을 들고 살짝 뜯어내듯 나눠줍니다. 억지로 힘을 주지 말고 자연스럽게 나뉘는 위치를 찾아 분리해주세요. 나눈 줄기에는 싹과 뿌리가 모두 있어야 합니다. 과도하게 자란 줄기 등을 정리해줍니다.

❸ 그루터기를 옮겨 심고, 새로운 싹이 날 때까지 반그늘에 놔둡니다.

휘묻이의 기본

식물의 가지를 휘어 끝을 땅속에 묻고 뿌리를 내리게 하는 번식법입니다. 지면에 닿은 가지로부터 뿌리가 나오는 성질을 이용해서 허브를 늘리는 방법입니다.

휘묻이가 가능한 허브: 오레가노, 세이지, 타임, 민트, 레몬밤 등

• 휘묻이 방법

가지나 줄기를 지면에 닿게 하여 뿌리를 내리게 할 부분에 흙을 덮어줍니다. U자핀이나 철사로 꺾은 가지를 고정할 수 있어요. 뿌리가 나온 것을 확인하면 가위로 잘라 다른 곳에 심습니다.

여름나기, 겨울나기의 기본

봄과 가을에는 허브가 잘 자라지만, 여름과 겨울에는
더위와 추위를 막기 위한 대비가 필요합니다.

여름나기

고온 다습한 여름을 건강하게 나기 위해서는 무엇보다 바람이 잘 통하는 것이 중요합니다. 그러기 위해서 줄기를 잘 정리해주세요. 지면에서 5cm 정도만 남겨두고 과감하게 잘라줍니다. 화분은 땅 위에 바로 놓지 말고 발판이나 화단 위에 올려 지면에서 올라오는 복사열을 막아주세요.

겨울나기

기온이 떨어지면 생장도 더디기 마련입니다. 추위를 잘 견디는 허브도 서리는 각별히 주의해야 합니다. 흙에 서릿발이 생기거나 얼면 뿌리가 상해 말라버리는 경우도 있습니다. 줄기 밑동에 지푸라기나 부엽토 등을 덮어 멀칭(농작물을 재배할 때 표면을 덮는 일)을 해주거나 줄기 전체를 한랭사(추위나 해충을 막기 위해 사용하는 얇은 원예용 그물)로 감싸 보온을 유지할 수 있도록 합니다. 비닐로 감싸줄 때는 반드시 공기가 통할 수 있는 구멍을 뚫고, 따뜻한 날이라면 낮 동안 벗겨냅니다. 추위를 잘 견디지 못하는 허브는 실내로 들여놓고 물을 적게 주세요.

모아 심기의 기본

다양한 식물을 같은 화분에 심는 것을 '모아 심기'라고 합니다.

예쁜 꽃이 피는 허브와 잎의 색이 예쁜 것을 조합하여 요리나 차에 곁들이면 더욱 좋습니다. 취향이나 목적에 맞게 모아 심기를 해보세요. 좁은 공간에도 좋아하는 식물을 한꺼번에 키울 수 있다는 장점이 있습니다. 다음의 주의해야 할 점을 기억하며 다양한 허브를 즐겨보세요.

• 허브가 좋아하는 환경과 조건 이해하기

튼튼하게 잘 자라는 허브는 어떤 환경에서든 무던하게 자라는 것처럼 보여도, 각기 좋아하는 조건과 환경이 다릅니다. 직사광선을 좋아하는 허브, 반그늘을 좋아하는 허브, 조금 건조한 환경에서 잘 자라는 허브, 습기가 많은 곳을 좋아하는 허브 등 특히 햇빛과 물주기에 관해서는 허브에 따라 선호도의 차이를 숙지해야 합니다. 좋아하는 환경이 비슷한 허브를 모아놓고 키우면 관리도 쉽고, 허브들도 생생하게 자랍니다.

건조한 환경을 좋아하는 허브: 캐모마일, 세이지, 타임, 바질, 펜넬, 라벤더, 로즈메리 등
습기가 많은 환경을 좋아하는 허브: 레몬밤, 민트, 차조기, 처빌 등

• 크기의 균형감을 생각해서 심기

모종 상태에서는 작아 보여도, 바질이나 민트를 함께 심으면 화분이 금세 가득 차버립니다. 그 후에는 공간이 좁아진 만큼 잘 성장하지 못합니다. 다양한 허브를 모아 심을 때는 생장 특성을 파악해서 성장한 모습을 미리 예상해보세요. 바질, 민트, 레몬밤과 같이 뿌리가 왕성하게 자라는 허브는 한정된 범위에서 자라도록 합니다. 미리 다른 화분에 옮겨둔 다음 화분 자체로 심어버리면 다른 허브들이 자라는 공간을 방해하지 않고 관리하기도 편리합니다.

Part 2

여러해살이풀 허브

여러해살이풀 허브의 기본

꽃이 피고 열매(씨)가 생기며 말라 죽지 않고 살아남아 다음 해에도 계속 살아가는 식물을 여러해살이풀, 혹은 '숙근초'라고 합니다. 1년 내내 잎이 녹색인 것과 겨울이 되면 땅 윗부분은 말라버리는 것이 있습니다. 어느 쪽이든 봄이 되면 다시 싹을 틔웁니다.

여러해살이풀 허브의 분류

• 내한성 허브

추위를 잘 견디고, 실외에서도 겨울을 날 수 있는 것을 '내한성 허브'라고 합니다. 하지만 키우는 지역에 따라서는 내한성 허브라고 해도 겨울나기가 어려운 경우도 있습니다. 식물이 버틸 수 있는 온도를 확인해서 대응해주는 것이 필요합니다. 민트, 오레가노, 세이지, 차이브, 펜넬, 레몬밤 등이 이에 속합니다.

• 비내한성 허브와 반내한성 허브

추위에 대한 내성이 약해 기온이 낮은 시기에는 실내에서 키워야 하는 허브를 '비(非)내한성 허브', 추위를 견딜 수 있게 도움을 주면 실외에서도 겨울나기를 할 수 있는 허브를 '반(半)내한성 허브'라고 합니다. 비내한성 허브에는 레몬그라스, 반내한성 허브에는 로즈메리가 있습니다.

모종을 선택하는 법

여러해살이풀 허브의 모종은 대부분 초봄에 나옵니다. 여러 품종을 취급하는 곳에서 가지의 모양이 잘 균형 잡힌 것으로 고릅니다. 가지가 튼튼하고 잎의 색이 짙은 것이 좋습니다. 흙이 굳어 있거나 표면에 이끼가 보인다면, 비닐화분 속에서 오랫동안 자란 모종입니다. 화분 바닥의 구멍으로 뿌리가 나온 경우도 있으니 잘 살펴봅시다. 모종을 산 뒤에는 가능한 한 빨리 큰 화분으로 옮겨 심어주세요.

• 옮겨 심을 때 주의할 점

수염뿌리가 자라나 서로 단단하게 뭉쳐 있는 경우에는, 뭉친 부분을 잘라내고 뿌리의 3분의 1 정도를 살살 풀어준 뒤 옮겨 심습니다. 새로운 뿌리가 건강하게 자랄 수 있도록 하기 위해서입니다.

• 옮겨심기는 1~2년마다

화분에 옮겨 심은 허브는 한두 해가 지나면 뿌리가 화분 속에 꽉 차도록 자라납니다. 뿌리가 뭉치지 않도록 정기적으로 더 큰 화분으로 옮겨주세요. 옮겨심기를 할 때는 1~2호수 큰 화분이 좋습니다. 너무 큰 화분이 부담스럽다면, 뿌리를 흩트려 잘 정리한 후 새로운 흙으로 갈아서 옮겨 심어줍니다.

민트 Mint

과명 꿀풀과
원산지 북반구 온대

민트티 사용법 1
끓여서 식힌 민트티를 아이스크림에 향을 내는 데 사용합니다. 젤리나 샤베트를 만들 때 더하거나, 오렌지나 자몽주스에 타서 먹어도 맛있습니다.

민트티 사용법 2
햇볕에 그을린 피부에 바르면 피부를 진정시켜주고, 야외활동을 할 때 모기나 파리매 등 곤충을 쫓는 효과가 있습니다. 살균, 소취 효과도 있으므로 바닥을 닦을 때 쓰거나 신발 안이나 커튼 등에 스프레이로 뿌리면 냄새 제거 효과를 누릴 수 있습니다.

민트 향이 나는 얼음
얼음을 만들 때 민트 잎을 넣으면 보기에도 특별하고 맛도 좋은 얼음을 즐길 수 있습니다. 또 진하게 우려낸 민트티 자체를 얼려서 즐길 수도 있습니다.

시원한 향기로 위장도 상쾌하게

특유의 상쾌함이 특징인 허브입니다. 치약이나 캔디 등에 사용되는 스피아민트, 페퍼민트, 애플 민트 등 그 종류만 해도 600종이 넘는다고 합니다. 키우기 쉽고 쓰임새도 다양해 허브 입문자에게 추천하는 허브입니다. 흔히 디저트나 음료 위에 장식으로 사용되며 샐러드에 섞어 먹거나 다른 허브티에 소량을 섞는 것만으로도 전체적인 맛을 살려줍니다. 민트티는 위장 장애나 변비 해소에도 도움이 됩니다.

주키니 민트 소테

재료(2인분)

주키니 … 2개
마늘 … 1/2쪽
올리브오일 … 적당량
소금, 후추 … 약간
발사믹식초 … 1작은술
민트 잎(다진 것) … 적당량

만드는 법

❶ 주키니를 길게 5mm 폭으로 얇게 썰어줍니다. 마늘을 다집니다.
❷ 프라이팬에 올리브오일을 두르고 달군 다음 마늘을 볶고 주키니를 구워줍니다. 양면이 먹음직스럽게 익으면 소금, 후추를 뿌려 간을 맞춥니다.
❸ 접시 위에 올리고 발사믹식초를 뿌린 다음 다진 민트 잎을 뿌립니다.

민트 소스 만드는 법

잘게 다진 민트를 요거트와 소금을 더해 만드는 인도풍 소스입니다. 취향에 따라 레몬즙이나 청고추, 마늘 등을 더해도 좋습니다. 깔끔하고 상쾌한 맛이기 때문에 튀김이나 구운 고기에 잘 어울립니다.

수확을 많이 했다면

신선한 민트는 끈으로 엮어서 목욕할 때 띄우면 릴렉스 효과가 있습니다. 말려도 향은 변하지 않기 때문에, 작은 주머니에 넣어서 향낭 주머니(샤셰)로 써도 좋습니다.

재배와 수확 | 쑥쑥 자라나는 줄기를 잘 관리하는 것이 포인트!

옮겨심기

성장이 왕성하기 때문에 직경 24cm 이상의 큰 화분에 심습니다. 노지에 직접 심는다면 간격을 넓게 잡거나, 너무 옆으로 퍼지는 것을 막기 위해 직경 30cm 이상의 화분에 심은 뒤 땅속에 심는 것을 추천합니다.

수확 ~ 가지치기

향이 좋고 부드러운 어린잎을 줄기째 잘라 다양한 곳에 활용해보세요. 자른 부분에서 다시 새싹이 나면서 풍성해집니다.

짧게 잘라 다시 키우기 ~ 꺾꽂이

여름은 통풍이 잘되지 않아 열기와 습기가 차기 쉽고, 꽃이 피면 줄기에 힘이 약해지므로 각 줄기에 잎을 2~3장씩 남기고 가지치기를 합니다. 잘라낸 줄기는 꺾꽂이로 사용할 수 있습니다. 겨울에 시들어버린 줄기도 짧게 잘라 새로운 싹을 틔울 수 있게 해주세요.

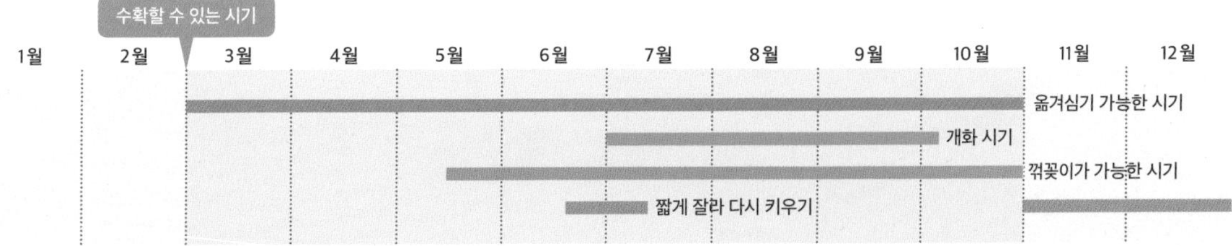

추천하는 수확 시기 : 6월 하순부터 7월 상순(꽃이 피기 전, 향이 강할 때)

민트 도감

다양한 품종 중 마음에 드는 민트를 찾아보세요.

쿨 민트

껌이나 치약 등에 사용되는 유명한 민트. 잎끝이 뾰족한 달걀형으로 가장자리가 톱니 형태를 보입니다. 청량감 있는 향을 1년 내내 즐길 수 있습니다. 크기는 30~40cm입니다.

노스 민트(North Mint)

일본 박하에 네덜란드 박하, 블랙 페퍼민트를 교배한 품종입니다. 일본의 박하는 멘톨 함유량이 높습니다. 잎은 고기 요리의 소스나 과자의 향신료, 허브티, 입욕제 등으로 사용됩니다.

캣민트(개박하, 캐트닙)

전체적으로 하트 모양을 한 잎은 가장자리가 톱니 형태입니다. 여름에서 가을에 걸쳐 진한 보라색 꽃이 피는데, 1장의 잎에 3개씩 핍니다. 달콤하고 강한 향을 냅니다. 민트과는 아니고 캐트닙의 친척으로 고양이가 좋아하는 향기를 낸다고 알려져 있습니다. 크기는 20~80cm 입니다.

페퍼민트

'서양 박하'라는 별명을 지닌 이 허브는 우리에게 가장 친숙한 품종으로서 껌, 디저트, 음료, 화장품, 치약 등 일상의 다양한 곳에 사용됩니다. 요리, 허브티, 과자 장식 등으로도 잘 어울리며 포푸리, 입욕제, 가드닝, 오일 등 광범위하게 쓰이는 허브입니다. 멘톨 성분이 상당량 포함되어 눈이 번쩍 뜨일 정도의 강한 청량감이 있습니다.

스피아 민트

페퍼민트와 어깨를 나란히 하는 대표적인 민트 입니다. 잎은 솜털이 없고 비교적 밝은 녹색으로, 청량감 속에 은은한 달콤함이 감돕니다. 민트 중에서도 요리에 가장 많이 사용되며, 과자에 향을 내는 데 사용되는 등 이용 범위가 넓은 민트입니다.

컬리 민트

잎 가장자리가 날카로운 톱 모양에 꼬불꼬불하기 때문에 '곱슬잎 민트'라고도 불립니다. 연보라색의 귀여운 꽃이 원통 형태로 달립니다. 스피아민트 같은 달콤한 향이 나서 허브티나 요리용 향신료도 널리 사용됩니다. 말린 잎은 생선 요리, 고기 요리, 허브티, 식초, 샐러드 등에 사용합니다. 크기는 약 60cm까지 자랍니다.

화이트 페퍼민트

줄기가 선명한 녹색을 띠는 페퍼민트입니다. 여름에서부터 가을까지 꽃을 즐길 수 있습니다. 허브티, 입욕제, 포푸리, 요리용 장식까지 널리 사용됩니다. 크기는 30~50cm입니다.

잉글리시 민트

향이 강하지 않아 허브티로 즐기기에 부담이 없고 아이스크림, 주스 등에 장식으로 사용하는 것을 추천합니다. 잎은 살짝 검은색을 띠고 연한 복숭아색 꽃이 핍니다.

이에르바 부에나 민트 (hierbabuena)

모히토의 고장 쿠바에서 많이 사용하는 민트로, 다른 민트에 없는 독특한 풍미를 지녔습니다. 대문호 어니스트 헤밍웨이는 이 민트를 넣은 모히토를 즐겨 마셨다고 합니다. 번식력도 왕성해서 초보자도 쉽게 기를 수 있습니다.

애플 민트

사과와 민트를 섞은 듯한 부드러운 향으로 많은 사랑을 받는 품종입니다. 흰 털이 난 둥근 모양의 잎을 지녔습니다. 입욕제로 사용하는 경우에는 욕조에 그대로 넣지 말고 천으로 된 주머니(무늬가 적은 복주머니도 가능)에 넣어서 수도꼭지 옆에 매달아주세요. 목욕 중간에 매달아둔 주머니를 가볍게 문질러주면 더욱 풍부한 향을 즐길 수 있습니다. 그 외에도 생선 요리나 고기 요리, 달걀 요리, 젤리, 음료, 샐러드, 소스, 식초 등에 다양하게 사용할 수 있습니다. 크기는 약 40cm까지 자랍니다.

파인애플 민트

애플 민트의 한 종류로 파인애플 같은 달콤한 향이 납니다. 크림색의 아름다운 무늬가 있는 잎을 가지고 있습니다. 튼튼하고 추위를 잘 견디며 어디에서든 잘 자랍니다. 주로 노인 보호시설이나 가로수 등 관상용으로 사용됩니다. 크기는 30~60cm입니다.

바나나 민트

바나나의 달콤한 향이 나서 바나나 민트라고 불립니다. 잎은 부드럽고 짙은 녹색을 띱니다. 분홍색 원형의 꽃을 피웁니다. 향을 살려 허브티나 쿠키로 만드는 것을 추천합니다.

페니로열 민트

지표면에서 자라는 식물(그라운드커버 플랜트, ground-cover plant)로서 주로 잔디로 사용됩니다. 강한 향을 풍겨 방충 효과도 있습니다. 독성이 있어 식용으로는 적합하지 않으며, 연한 보라색 꽃을 피웁니다. 크기는 15~30cm입니다.

그레이프프루트 민트

잎 전체에 솜털이 나 있고 잎 가장자리는 톱니 모양으로, 전체적으로 잎 모양이 아름다운 민트입니다. 그레이프프루트 향이 나고 옅은 보라색의 귀여운 꽃을 피웁니다. 크기는 30~50cm입니다.

오렌지 민트

오렌지 향이 나는 잎을 가지고 있어, 허브티나 포푸리로 사용하여 향을 즐기거나 요리나 과자의 장식용으로 사용하기 좋은 품종입니다. 잎을 따서 건조한 것을 사용합니다. 크기는 20~30cm입니다.

볼스 민트(Bowles mint)

대형 애플 민트와 유사한 잎 모양을 지녔으며, 둥근 잎 전체에 솜털이 나 있는 것이 특징입니다. 사과 같은 상쾌한 향이 나며 허브 요리, 허브티, 포푸리 등으로 즐기면 좋습니다.

오드콜로뉴 민트 (eau de cologne mint)

연보랏빛 꽃을 원형 이삭과 같은 모양으로 피웁니다. 잎을 만지면 베르가모트(bergamotte)나 오레가노와 같은 감귤계의 멋진 향이 납니다. 민트 중에서도 향이 강한 편입니다. 샐러드에 장식용으로 사용하거나, 허브티 또는 염색제나 입욕제로 사용합니다. 크기는 30~50cm입니다.

진저(생강) 민트

생강 향기가 나는 진저 민트는 새로 틔운 싹에 노란색 반점이 생기는 특징이 있습니다. 다만 재배 환경에 따라서 나타나지 않는 경우도 있습니다.

라벤더 민트

라벤더와 같은 청량감이 강한 향기가 나는 것이 특징입니다.

코르시카 민트

군데군데 해가 드는 장소를 좋아합니다. 민트 중에서도 가장 작은 포복성(지표 위를 옆으로 기는 성질) 민트이지만, 강한 향을 지녔습니다. 꽃이 작아 눈에 잘 띄지 않습니다. 완전히 성장해도 1~3cm 정도이므로 식용보다는 관상용으로 그라운드커버 플랜트로 활용하여 향을 즐기는 것을 추천합니다.

오레가노 Oregano

과명 차조기과
원산지 유럽

고기와 잘 어울려 미트 소스에 넣으면 풍미가 더욱 살아납니다.

오레가노 꽃

향이 진한 잎과 꽃의 다채로운 활용

오레가노 차는 소화 기능 개선과 염증 완화, 호흡기계통의 트러블이나 두통에 효과가 있다고 알려졌습니다. 생잎보다는 말린 것의 향이 더욱 좋고, 분홍색의 작은 꽃은 향이 더욱 강해 드라이플라워나 리스, 향낭 주머니(샤셰)로 사용하는 방법도 있습니다. 꽃이 예뻐 관상용 품종이 따로 있을 정도입니다. 고기의 누린내를 잡는 데 사용하며 생선 튀김 반죽에 섞거나, 토마토 조림 요리에 향신료로 사용합니다. 치즈 요리와도 잘 맞습니다.

오일과 식초

오레가노 오일은 파스타나 피자, 토마토 소스, 감자튀김 등에 뿌려 풍미를 더합니다. 오레가노 식초는 토마토 샐러드나 구운 채소와도 잘 어울립니다.

오레가노 소금

건조하여 잘게 부순 오레가노와 소금을 섞어 오레가노 소금을 만들어봅시다. 고기나 생선에 밑간할 때 사용하거나 드레싱에 향을 더하는 역할을 합니다.

꽃 오레가노

'오레가노 켄트뷰티'

관상용 품종으로, 꽃을 감싸고 있는 잎이 분홍색을 띠고 있어 마치 꽃잎처럼 보입니다.

수제 케첩

토마토에 물과 소금을 넣고 졸여 체에 걸러줍니다. 다시 졸인 다음 간 양파, 간 마늘을 더해 약불로 졸여줍니다. 설탕, 소금, 후추, 와인 식초, 올스파이스 분말, 시나몬 스틱, 정향, 오레가노를 더한 다음 다시 한번 끓입니다. 불을 끄고 시나몬 스틱과 정향, 오레가노를 건져내면 수제 케첩이 완성됩니다.

오레가노의 품종

· **골든 오레가노** : 꽃이 밝은 황록색을 띠는 소형 품종입니다.

· **그리스 오레가노** : 향이 특히 강한 품종으로 토마토 요리에 잘 어울립니다.

재배와 수확 | 통풍이 원활하고 습기가 차지 않도록 자주 수확하면서 키웁니다.

옮겨심기

성장이 왕성하고 옆으로 뻗으면서 자라납니다. 화분은 직경 24cm 이상의 사이즈로 준비하고, 노지에 심을 때는 간격을 넓게 두고 심어주세요. 모종의 줄기를 가지치기한 다음 심으면 봉긋한 모양으로 빠르게 자리 잡힙니다.

포기나누기 ~ 꺾꽂이

화분에 심었다면 매년 분갈이를 하고, 노지에 직접 심었다면 2~3년마다 포기나누기를 해주세요. 줄기의 마디에서 뿌리가 나오는 경우도 있으므로 자른 줄기로 꺾꽂이를 하는 것도 좋은 방법입니다.

순지르기 ~ 수확 ~ 가지치기

맨 끝부분의 싹을 잘라 곁순을 키워 줄기와 잎이 더 많이 자라도록 합니다. 자주 수확하여 수형을 정돈하고, 장마 전에 가지치기하여 습기가 차지 않도록 주의해주세요.

* 꺾꽂이는 줄기에서 뿌리가 나온 부분을 잘라 사용합니다. 포기나누기는 화분에 심은 뿌리를 반으로 나눠줍니다.

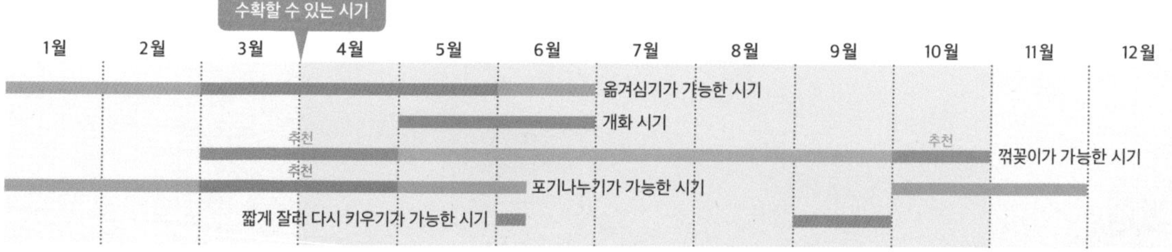

추천하는 수확 기간 : 5월에서 6월 사이, 개화 직전에 향이 가장 진합니다.

알로에
Aloe

과명 백합목 백합과
원산지 아프리카, 마다가스카르, 아라비아 반도

엽록체를 품은 표면 안쪽의 잎살 혹은 엽육은 젤리처럼 부드러운 세포로 이루어져 있습니다.

햇볕에 타거나 화상의 증상을 완화시켜주는 알로에

아프리카, 마다가스카르에 약 500여 종이 자생하고 있는 다육식물입니다. 일본에서는 키타치 알로에가 예로부터 민간요법으로 사용되어 생약으로도 익숙하며, 비타민과 미네랄이 풍부하고 항산화 효과가 있습니다. 알로에친 성분에는 세포 증식을 억제하는 힘이 있어 화상으로 인한 켈로이드 현상을 막아주는 효과가 있다고 합니다. 건조함이나 병충해에 강해 초보자도 쉽게 키울 수 있으며, 열대식물이기 때문에 겨울에는 햇볕이 잘 드는 실내에서 키우는 것이 좋습니다. 요거트 등에 사용되는 것은 쓴맛이 덜한 알로에베라입니다.

키타치 알로에 취급법
잎은 뿌리 근처에서 잘라준 뒤 스펀지로 꼼꼼히 닦아줍니다. 물기를 제거하고 부엌칼로 양옆의 가시를 제거합니다. 보존하는 경우에는 랩으로 감싸서 냉장고에 넣어주세요.

시럽 절임
잎살(젤리)은 그대로 기름에 묻혀서 먹는 것도 가능하지만, 특유의 쓴맛이 있기 때문에 깍둑썰기 한 다음 설탕에 졸여 시럽 절임으로 만드는 것을 추천합니다. 요거트나 프루트펀치에 섞어 드셔보세요.

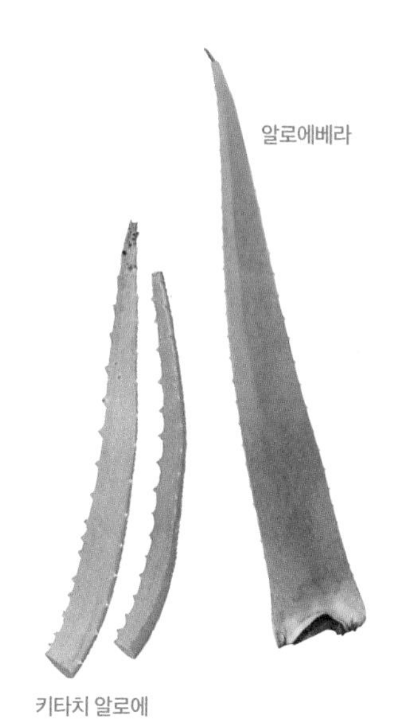

과다 복용은 금지!
다량의 알로에는 설사를 일으킬 수도 있습니다. 사람에 따라서 '적당량'이 다르므로 처음에는 소량 섭취한 후 양을 조금씩 늘려주세요.
※주의 사항
알로에는 자궁 내 충혈을 일으키는 경우가 있기 때문에 임신이나 생리 중에는 절대 먹으면 안 됩니다.

재배와 수확 | 건조함에 강한 알로에는 물주기를 걱정하지 않아도 됩니다. 따뜻한 지역이라면 노지에 직접 심는 것도 가능합니다.

옮겨심기
키타치 알로에는 5도 이상에서 겨울나기가 가능하므로, 서리가 내리지 않는 따뜻한 지역이라면 정원에 심을 수 있습니다. 화분에 심는다면 모종의 직경과 비슷한 사이즈의 화분에 심습니다. 뿌리 없이 줄기만 있는 식물이에요. 옮겨 심은 후에는 10일 정도 물을 주지 않는 것이 좋습니다.

물주기
비를 맞을 수 있도록 야외에서 기른다면 따로 물을 줄 필요는 없습니다. 다만 장마철이나 긴 비가 내릴 때는 과습의 우려가 있기 때문에 지붕 밑으로 옮겨주세요.

다시 키우기 ~ 화분갈이
밑단의 잎이 떨어져서 균형이 무너진 줄기는 윗부분의 30cm 정도를 잘라주면 곁순이 자라나서 새로운 잎이 나옵니다. 가지치기한 줄기는 꺾꽂이가 가능합니다. 화분에 심었다면 1~2년마다 분갈이를 해주세요.

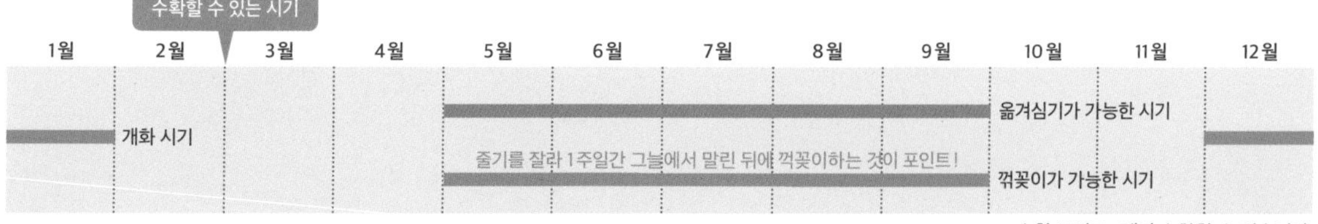

수확 포인트 : 매년 수확할 수 있습니다.

알로에의 올바른 사용법

알로에는 예부터 '의사를 울리는 약초', '의사가 필요 없는 약초'라고 불릴 정도로 민간에서 오랫동안 약으로 사용되어온 식물입니다. 위장 기능을 바로잡고 화상, 벌레 물림, 숙취 제거에 효과가 있다고 알려졌습니다. 하지만 자궁수축이나 골반 내 충혈을 일으키는 경우가 있기 때문에 임신 중에는 사용을 피하고, 생리나 수유 중인 경우에는 주의를 기울여 사용해야 합니다.

알로에베라

잎살(젤리)은 키타치 알로에처럼 쓴맛이 나지 않습니다. 다만 시중에 유통되는 알로에베라는 외피에 포함된 알로인 성분이 잎살에 녹아들어 쓴맛을 내는 경우가 있습니다.

알로에 요리

• 신선하게 생으로 즐기기

알로에베라의 잎살은 생으로 먹는 게 가장 건강한 방법입니다. 조리하지 않는 신선한 잎살을 즐겨보세요

• 샐러드로 먹기

다른 재료와 함께 부담 없이 먹을 수 있습니다. 미끌미끌한 식감이 샐러드에 매력을 더할 것입니다.

• 키타치 알로에

키타치 알로에 잎의 녹색 부분에는 변비 해소에 도

움이 되는 알로인 성분이 다량 함유되어 있습니다. 껍질째 먹으면 쓴맛이 강하게 느껴지는데, 뿌리에 가까울수록 쓴맛이 더욱 강해집니다. 변비 해소에 도움을 주지만, 너무 많이 먹으면 설사하기 쉬우므로 주의가 필요합니다.

• 알로에 술

알로에 술은 변비나 수족 냉증을 완화하는 것으로 알려졌으며, 담금주 자체로 즐기는 것도 좋습니다. 하지만 당뇨병이나 고혈압이 있거나 간이 약한 사람은 먹으면 안 됩니다.

만드는 법

❶ 알로에 생잎 100g 정도를 물로 깨끗하게 씻은 다음 양옆에 돋은 가시를 빼고 1cm 폭으로 자릅니다.

❷ 입구가 넓은 병에 알로에와 담금용 소주를 1컵, 얼음 설탕을 50g 정도 넣은 다음 서늘하고 어두운 곳에 보관합니다. 알로에 잎의 갈색이 되면 알로에를 빼내고 그대로 보존합니다.

미용에 사용합니다

알로에 베라는 화장품이나 입욕제, 헤어 케어 용품에 사용됩니다. 알로에의 성분은 흡수성이 좋아 주로 보습의 목적으로 사용되고 있지만, 피부 탄력이나 자외선 차단을 위해 사용되는 경우도 있습니다. 멜라닌의 색소침착을 예방하고 살균 작용을 합니다.

• 알로에 물

알로에 물로 팩을 하면 피부의 신진대사가 활발해지며, 햇빛에 노출되어 유수분이 부족할 때 피부의 균형을 맞춰준다고 합니다. 그뿐만 아니라 작은 주름, 기미 등에도 효과적입니다. 알로에 물을 화장품에 적셔서 사용해주세요.

만드는 법

껍질은 자극이 강하기 때문에 잎살 부분만 사용합니다. 청결한 천이나 거즈를 사용해서 짜낸 뒤 그 액과 동일한 양의 정제수를 섞어줍니다. 반드시 냉장 보관하고 일주일 내에 소진해야 하며 그 이후에 남은 것은 버립니다. 변색된 경우에는 반드시 사용을 중지해주세요.

• 알로에 목욕

잘게 자른 잎을 주머니에 담아 욕조에 넣으면 간편하게 알로에 목욕을 즐길 수 있습니다. 피부가 약한 사람은 자극이 강할 수 있으므로 주의해서 사용해주세요.

세이지 Sage

과명 꿀풀과
원산지 지중해 연안, 북아프리카

세이지 잎을 태우면 탈취 효과가 있습니다. 집 안의 반려동물 냄새가 신경이 쓰일 때 사용해보세요.

세이지로 양치하기
민트와 함께 말려서 가루를 낸 것을 소금과 탄산수소나트륨을 섞으면 수제 치약이 됩니다.

클라리 세이지
2년초로서 높이가 1m까지 자라는 대형 세이지입니다. 예로부터 민간요법에 많이 사용되었습니다.

트리컬러 세이지
(Tricolor sage)
녹색, 흰색, 연한 자주색으로 세 가지 색이 섞인 세이지입니다.

골든 세이지
가운데 연녹색을 노란색이 감싸고 있어 부드러운 분위기를 내는 세이지입니다.

강한 향기의 불로장생 허브

장뇌(녹나무)나 쑥과 비슷한 강한 향을 가진 허브로, 고대 로마 시대부터 심신을 안정시키고 면역력을 높이는 약초로 사용되었습니다. 살균과 강장 작용이 있어 인후통이나 구내염 등 입안 트러블이 생겼을 때 허브티를 가글 대신 사용하기도 했습니다. 양고기나 내장 요리의 누린내를 없애는 데도 자주 사용합니다. 잘게 다진 세이지와 버터를 굳혀 만든 세이지 버터는 찐 감자나 파스타에도 잘 어울립니다. 여성 호르몬 같은 역할을 하기 때문에 갱년기의 짜증과 불안, 생리통 완화에도 효과적입니다.

세이지 풍미의 닭고기 햄

재료(만들기 쉬운 분량)
닭 가슴살 … 1장
꿀 … 1작은술
A | 소금 … 1작은술
  | 후추 … 1작은술
세이지 잎 … 2~3장

만드는 법

❶ 닭 가슴살에 꿀을 바르고 A를 섞어 문지른 다음 세이지 잎과 함께 비닐봉지에 넣고 냉장고에 2일 동안 넣어둡니다.
❷ 냉장고에서 꺼내 가볍게 물로 씻은 다음 30분에서 1시간 정도 물에 담가둡니다.
❸ 끓는 물에 ❷를 넣고 끓어오르면 불을 끄고 뚜껑을 덮은 채로 6시간 정도 놔둡니다.

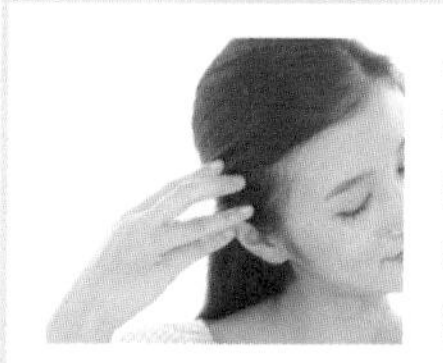

세이지 차 이용방법

진하게 우린 세이지 차는 두피 케어에 좋습니다. 두피를 건강하게 하고 흰머리 개선에도 도움을 준다고 합니다.

가든 세이지

세이지 잎 1장으로

뜨거운 중국차에 세이지 잎 1장을 넣으면 더욱 깔끔한 맛을 즐길 수 있습니다. 흑맥주에도 잘 어울립니다.

재배와 수확 | 찌는 더위를 피해서 길러주세요.
3년마다 포기나누기나 꺾꽂이하여 건강하게 자라게 해주세요.

옮겨심기

크게 자라는 허브이기 때문에 큰 화분에 심고, 노지에 직접 심는다면 30cm 이상 간격을 두고 심어줍니다. 옮겨 심은 뒤에 순지르기를 1~2회 정도 하면 잎이 늘어나고 모양도 정돈됩니다.

자라는 환경 ~ 수확

더위와 추위를 잘 견디고 튼튼한 편이지만, 찌는 더위에는 약합니다. 물 빠짐이 좋은 흙에 햇볕이 잘 들고 통풍이 잘되는 장소에서 길러주세요. 잎이 빽빽하면 햇볕을 골고루 받지 못하고, 통풍도 잘되지 않기 때문에 줄기와 잎을 잘 다듬어줍니다.

줄기 다듬기

처음 심은 채로 그대로 자라게 놔두면 성장이 나빠지고 아래쪽 잎이 떨어집니다. 3년에 한 번씩은 꺾꽂이나 포기나누기를 하여 기운을 회복시켜주세요.

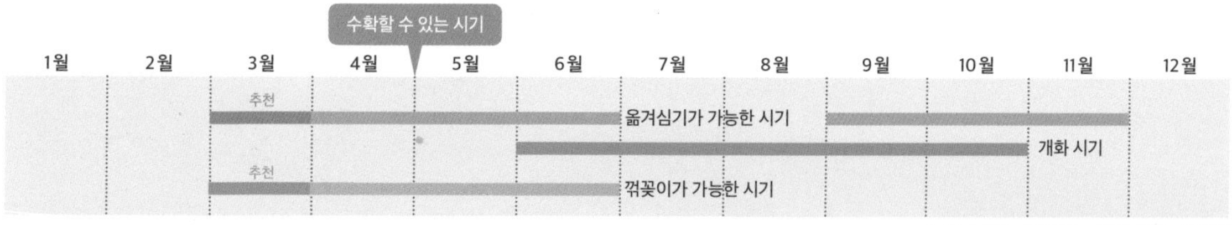

수확 포인트 : 추천하는 수확 시기는 6~7월
한여름에는 화분을 시원한 곳으로 옮겨줍니다. 정원에 심었다면 습기가 차지 않도록 주의해주세요.

레몬그라스

Lemon grass

과명 벼과
원산지 열대 아시아

화이트와인에 잎
1장을 담가두면 향이
배어들어 더 상큼한
와인을 즐길 수 있습니다.

레몬 향이 몸과 마음을 편안하게

인도에서는 예부터 감염증이나 해열 작용이 있는 약초로 사용되어온 허브입니다. 요즘에는 타이 요리인 똠얌꿍에 사용되는 허브로 널리 알려졌습니다. 잎은 참억새처럼 길고 얇으며, 상쾌한 레몬 향이 나서 향수나 비누에도 많이 사용됩니다. 차로 마실 때는 향이 강한, 뿌리에 가까운 쪽부터 잘라서 사용합니다. 잎을 그대로 욕조에 넣으면 피로 회복과 리프레시 효과가 있습니다. 빠른 시간에 무성하게 자라고, 방충 효과가 있으니 다른 허브와 함께 키우면 더욱 좋습니다. 내한성이 약하므로 겨울나기를 잘 해주는 것이 중요합니다.

줄기도 유용하게 이용하기

줄기는 아이스티나 칵테일을 마실 때 머들러로 사용하거나, 양념한 돼지고기를 꼬치 대신 칭칭 감아 구워주면 더욱 먹음직스럽게 먹을 수 있습니다.

뿌리에 가까울수록 향이 강합니다.

향이 좋은 허브 술

레몬그라스와 레몬버베나를 담금 소주에 설탕과 함께 절여 한 달 뒤에 꺼냅니다. 입맛을 돋우는 데 좋은 이 술은 홍차와도 잘 어울립니다.

재배와 수확 | 수확은 초여름에서 가을까지입니다. 겨울에는 실내로 들여놔주세요.

옮겨심기

비교적 크게 자라는 허브여서 정원에 심는 것이 더 어울립니다. 간격은 60cm 이상 띄어놓는 것이 좋습니다. 화분에 심는다면 직경 24cm 이상의 깊은 화분에 심어주세요. 뿌리로부터 10~20cm 높이에 있는 잎을 잘라 심어주면 금세 새로운 잎을 틔웁니다.

수확

가지가 무성해지면 뿌리에서 10~20cm를 남겨두고 그 위의 잎은 필요한 만큼 수확해주세요. 8월에는 땅에서 15cm 정도 높이에서 가지치기하면 새로운 잎이 기세 좋게 자라날 거예요.

겨울나기

추위에 약하므로 서리가 내리기 전에 짧게 가지치기를 해주고 실내로 들여놔주세요. 노지에 심어둔 레몬그라스도 화분에 옮겨 심어준 뒤 실내로 들여놓습니다. 겨울에는 물을 되도록 적게 주세요.

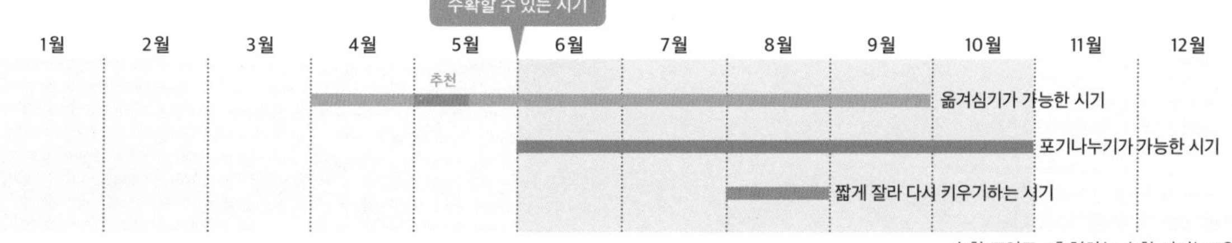

수확 포인트 : 추천하는 수확 시기는 7월
10월 하순에는 실내로 들여놔주세요.

차이브

Chives

과명 백합목 백합과
원산지 유럽, 시베리아

다져서 냉동해두기
차이브를 잘게 다져 냉동 보관해두면 향신료 대신 요긴하게 사용할 수 있습니다.

장미와 함께 심기
차이브 향은 해충을 쫓기 때문에 장미나 채소 등과 같이 심으면 도움이 됩니다. 텃밭에서 빠뜨릴 수 없는 허브 중 하나입니다.

파의 향기 속에 약효가 가득

파의 친척입니다만 파보다는 향이 부드러운 편으로, 특히 프랑스에서 자주 사용되는 허브입니다. 비타민A, C 그리고 철분과 함께 향을 내는 성분인 황화알릴이 포함되어 있습니다. 황화알릴은 비타민B1을 포함한 식재료와 함께 먹으면 피로 회복 효과가 높아지기 때문에, 닭고기나 흰살 생선, 치즈, 버터, 생크림 등의 유제품과 함께 먹는 것을 추천합니다. 화려한 모습을 살려 그대로 사용하거나, 잘게 다져 고명으로 사용하는 것도 좋은 방법입니다. 다른 허브와도 잘 어울려 귀여운 꽃과 함께 샐러드에 뿌려 먹어도 좋습니다.

꽃의 사용법
작은 꽃잎이 여러 장 겹쳐진 둥근 모양의 꽃입니다. 꽃잎을 한 장씩 떼어서 토핑으로 사용하는 것도 좋습니다.

크림에도 잘 어울리는 인기 허브
비시우아즈(Vichyssoise, 각종 채소와 감자로 만든 차가운 크림수프)의 토핑으로 빼놓을 수 없으며 프랑스에서는 '시불레트(Ciboulette)'라는 이름으로 불립니다. 색감과 풍미를 더하는 역할을 합니다.

치즈나 버터에 섞어서 사용해도 좋아요
잘게 다져서 크림치즈에 섞고 바게트나 크래커에 얹으면 와인 안주로 제격입니다. 차이브 버터는 따끈따끈한 삶은 감자와 같이 먹어도 좋아요. 여기저기 활용도가 높은 차이브 마요네즈도 추천합니다.

재배와 수확 | 잘라서 새로운 싹이 나게 해주고 포기나누기로 생기를 되찾게 합시다.

옮겨심기
얇은 모종이라면 대여섯 줄기를 묶어서 심으면 쑥쑥 자라납니다. 조금 큰 모종이라면 잎과 뿌리를 양쪽 모두 절반 정도 잘라서 심어줍시다. 노지에 직접 심는 경우에는 간격을 20cm 정도 벌려주세요.

물주기 ~ 겨울나기
물이 부족하면 잎이 꺾이거나 색이 변합니다. 겉흙이 마르면 물을 충분히 주세요. 겨울에는 줄기가 말라도 뿌리는 살아 있기 때문에 건조하다 싶을 때는 물을 주세요.

수확 ~ 포기나누기
잎의 길이가 20cm 정도 자라면 지면에서 2~3cm 정도만 남겨두고 잘라서 사용해도 됩니다. 자른 부분에서 새로운 싹이 자라납니다. 줄기가 빽빽해지면 성장이 더뎌지므로 화분에 심었다면 매년 분갈이를 하고, 노지에 심었더라도 2~3년에 한 번씩 포기나누기를 해주세요.

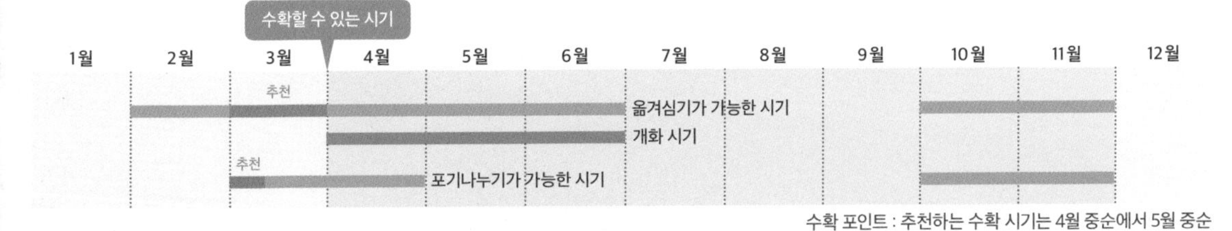

수확 포인트 : 추천하는 수확 시기는 4월 중순에서 5월 중순

펜넬

Fennel

과명 **미나리과**
원산지 **지중해 지방**

작은 노란색의 꽃잎이 모여서 피고, 개화 후에는 크기가 1cm 정도의 열매(씨앗)를 맺습니다.

씨앗은 만능

인도 음식점에서는 카운터 옆에 입가심용으로 펜넬 씨앗을 준비해둡니다. 펜넬 씨앗을 볶은 뒤 설탕으로 입힌 것으로 구취 제거에 효과가 있습니다. 그 외에도 양배추를 발효시켜 만드는 사워크라우트, 피클의 스파이스로 사용하거나 빵이나 케이크에 향을 내기 위해 사용합니다.

달콤한 향기를 품은 깃털 같은 허브

일본에서는 '회향'이라는 이름으로 잘 알려져 있고, 아주 오래전부터 재배되어온 허브입니다. 고대 로마인은 장의 기능을 바로잡아주고 시력 회복에도 효력이 있어 몸에 지니고 다녔다고 합니다. 생선의 비린내를 제거해 '생선 허브'라고도 불립니다. 잎이 깃털처럼 가늘고 부드러우며, 레몬이나 오렌지와 함께 마리네 하거나 드레싱을 만들어도 좋습니다. 노란색 꽃은 잎, 줄기와 같은 향기가 나며 달콤한 맛이 나기 때문에 식용으로도 사용할 수 있습니다. 아네톨(anethole)이라는 성분을 가지고 있는 종자는 기침을 멎게 하고 관절통을 완화하는 효과가 있습니다.

기침에는 펜넬차
감기에 걸렸다면 꿀을 넣은 펜넬차를 마시면 좋습니다. 특유의 스파이시한 향에는 기침약으로 사용되는 아네톨 성분이 포함되어 있습니다. 생잎을 우려낸 차는 씨앗 차보다 마시기도 쉽고 과일 맛이 납니다. 숙취에도 효과가 있습니다.

미나리과의 허브
펜넬 주변에 고수나 딜 같은 미나리과 허브를 함께 심으면 펜넬의 달콤한 향이 약해지니 주의해주세요.

유제품과
우유에 펜넬과 소금, 후추를 넣고 졸여줍니다. 깔끔하면서도 펜넬의 달콤한 향기가 어우러져 우유를 색다르게 즐길 수 있습니다. 화이트소스와도 잘 어울려서 뿌리 부분의 두툼한 부분을 그라탱에 넣어 먹으면 무척 맛있습니다. 리코타 치즈와 같은 크림치즈와 섞어 꿀과 함께 먹어도 맛이 일품입니다.

재배와 수확 | 1년 내내 수확할 수 있습니다.

옮겨심기
커다란 모종은 뿌리내리기 어려워 작은 모종을 심는 것을 추천합니다. 흙을 털지 말고 화분에 들어 있던 흙 그대로 심을 수 있도록 합니다. 옆으로 뻗어나가며 크지는 않지만, 위로 길게 자라기 때문에 깊은 화분에 심어주세요. 노지에 직접 심는 경우에는 간격을 60cm 정도 띄어서 심어줍니다.

수확 ~ 짧게 잘라 다시 키우기
키가 20cm 정도 자라면 줄기와 잎을 수확할 수 있습니다. 겨울철에도 지면 위에 식물이 남아 있다면 이듬해에도 수확할 수 있습니다. 다만 꽃이 핀 뒤에는 풍미가 떨어질 수 있으므로 한여름이 되기 전에 뿌리 근처에서 짧게 잘라주세요. 초가을에는 새로운 싹이 자라나 다시 수확할 수 있습니다.

포기나누기
2년 이상 크게 키웠다면 뿌리 부근에서 작은 싹이 돋아납니다. 뿌리가 난 상태로 파내면 바로 포기나누기를 할 수 있습니다.

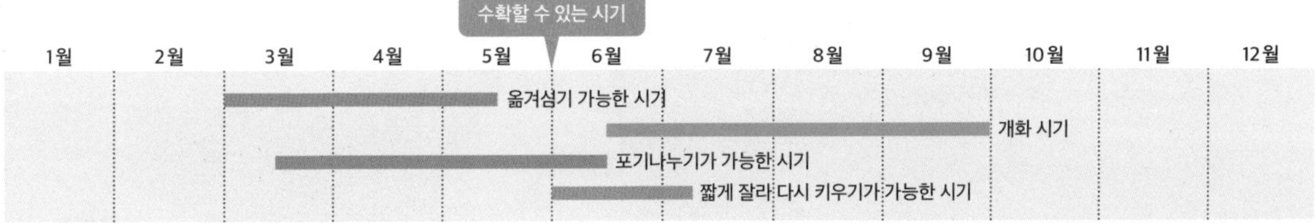

수확 포인트 : 씨앗은 8월에서 9월 사이 수확할 수 있습니다.

레몬밤 Lemon balm

과명 **꿀풀과 박하**
원산지 **남유럽**

쓴맛이 나는 줄기 대신 잎으로 차를 즐겨주세요.

레몬 향기의 허브티로 생기를

작은 흰 꽃에 든 꿀에 꿀벌이 몰려든다고 해서 그리스어로 꿀벌을 의미하는 '멜리사(*Melissa officinalis*)'라는 학명이 붙었다고 합니다. 뇌 활성화에 도움을 주고 강장 효과가 있기 때문에 젊음을 되찾는 허브라고도 불립니다. 민트와 같은 상쾌한 레몬 향이 나서 허브티나 입욕제, 요리에 향을 내는 등 다양한 곳에 사용합니다. 레몬밤을 보드카나 소주에 담가 만든 액체는 벌레 물린 곳의 가려움을 없애주고, 잡균의 번식을 억제해줍니다. 번식력이 강하고 신경을 많이 쓰지 않아도 되는 키우기 쉬운 허브입니다.

설탕 절임으로
설탕에 절여두면 오래 보존할 수 있습니다. 그대로 간식을 만들어도 좋고, 홍차에 넣거나 쿠키 반죽에 올려 구워도 좋습니다.

과자 만들 때 팁으로
젤라틴을 녹일 때 레몬밤 잎을 몇 장 넣어서 향을 더해주면 풍미가 다채로워지고 더욱 맛있어집니다. 커스터드 크림을 만들 때 사용해도 좋습니다.

호불호가 없는 레몬밤차
기분이 가라앉거나 마음이 시끄러울 때 레몬밤차를 마시면 차분해집니다. 고혈압 개선에도 도움이 됩니다.

재배와 수확 | 솎아내면서 키워주세요. 언제든 수확할 수 있습니다.

옮겨심기
왕성하게 성장하는 편이기 때문에 노지에 직접 심는다면 50cm 이상 간격을 두고 심어주세요. 화분에 심는다면 직경 18cm 이상인 화분에 심도록 합니다. 모종을 절반 정도 잘라내서 심으면 곁눈이 자라며 잎과 줄기가 더욱 빠르게 성장합니다.

키우는 환경
해가 드는 실내의 창가에서도 잘 적응하지만, 여름의 강한 햇빛을 받으면 잎이 탈 수도 있으니 가능한 한 여름에는 반그늘에서 키워주세요. 작은 화분에서 키울 때는 물이 마르지 않도록 주의합니다.

수확 ~ 짧게 잘라 다시 키우기
잎을 피우는 시기에는 언제든 수확할 수 있습니다. 잘 자라기 때문에 너무 빽빽하게 자랐다면 줄기에 4~5장만 남겨두고 솎아내기를 합니다. 늦가을에 잎과 뿌리가 시들면 짧게 잘라서 이듬해 봄에 새로운 싹을 틔우도록 합니다.

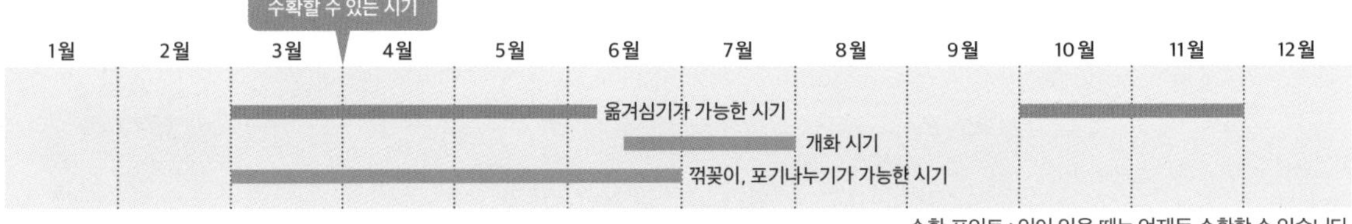

수확 포인트 : 잎이 있을 때는 언제든 수확할 수 있습니다.

생강(진저)

Ginger

과명 생강목 생강과
원산지 인도, 중국

레몬과 생강

레몬 1개를 깨끗이 씻어 얇게 썰고, 생강 50g을 깨끗이 씻어 껍질째 슬라이스합니다. 보존용 유리병에 레몬과 생강을 켜켜이 넣고 꿀 200g을 더해 하룻밤 재워두면 완성입니다. 따뜻한 물이나 탄산수에 섞어 마시거나 요거트에 그대로 넣으면 기분 좋은 달콤함을 즐길 수 있습니다.

보존 방법

생강을 깨끗이 씻어 병에 넣고 충분히 잠길 정도로 물을 붓고 냉장고에 보관합니다. 2~3일 간격으로 물을 갈아주면 1개월 정도 보관할 수 있습니다.

생강의 효과

생강의 뿌리와 줄기는 한약재로 많이 이용됩니다. 감기를 예방하고 위장 기능 활성화에도 도움을 줍니다. 특히 생강을 넣은 갈근탕은 몸을 따뜻하게 하고 면역력을 높여줘 감기 초기에 섭취하면 좋습니다.

반그늘에서도 잘 자라는 키우기 쉬운 허브

생강에 함유된 매운맛을 내는 성분은 혈액 순환을 돕고 몸을 따뜻하게 하는 효과가 있어, 예부터 감기에 걸렸을 때 생강을 따뜻한 차로 마셨습니다. 다만 생(生) 생강은 해열 작용을 해 체온을 떨어뜨리기 때문에 컨디션에 따라 주의해야 합니다. 항균 효과가 있어 스시나 회와 함께 먹는 것을 추천합니다. 미림과 간장으로 맛을 낸 생강채를 넣고 밥을 지으면 풍미가 좋아져 식욕이 없을 때 안성맞춤입니다.

생강 종자

생강은 봄에 종자 생강을 심으면, 그 생강 위에 새로운 생강이 자라납니다. 갓 수확한 생강은 '햇 생강(신생강)'이라고 불리고 시간이 지나면 '묵은 생강(진생강)'이라고 불립니다. 그리고 처음에 심은 생강 종자를 '부모 생강(친생강)'이라고 합니다. 부모 생강은 약효가 강하지만, 섬유질이 단단하여 주로 식당 등에 납품용으로 사용됩니다.

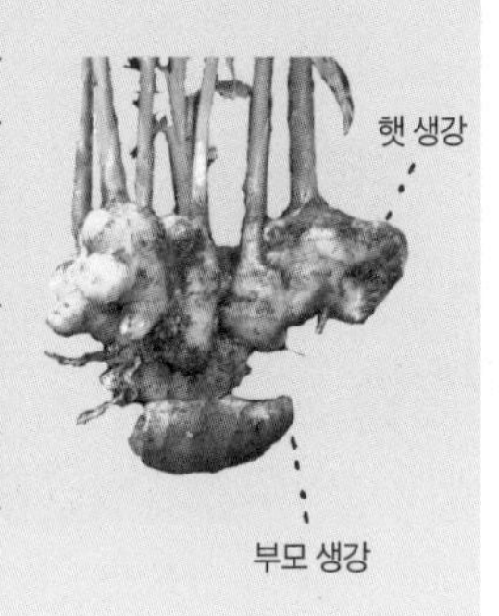

잎 생강

잎 생강은 된장을 찍어서 먹거나 튀김으로 먹기도 하고, 뿌리는 돼지고기를 말아 구워 먹기도 합니다.

재배와 수확 | 고온 다습한 환경을 좋아합니다. 매년 다른 장소에서 키워주세요.

옮겨심기

열대성이기 때문에 서리가 내리지 않는, 기온 20도 이상에서 심어줍니다. 생강 종자를 50g씩 6~7cm 깊이에 심어주고 3년간은 같은 장소, 동일한 흙에서 키우지 않도록 합니다.

키우는 환경 ~ 물주기

심은 후 싹이 틀 때까지 1개월 정도 걸리며, 25~30도의 기온에서 잘 자라납니다. 노지에 직접 심었다고 해도 건조하지 않도록 물을 따로 주는 것이 좋습니다. 지면에 지푸라기 등 수분을 유지해줄 수 있는 것을 깔아주면 더욱 효과적입니다.

수확

여름에는 부드러운 뿌리나 줄기를 수확하여 '잎 생강'을 즐길 수 있습니다. 가을에는 둥글고 통통한 뿌리 생강을 수확할 수 있어요.

뿌리 생강

1월	2월	3월	4월	5월	6월	7월	8월	9월	10월	11월	12월
			옮겨심기가 가능한 시기	옮겨심기가 가능한 시기							
					비료 추가	비료 추가	비료 추가				
						수확할 수 있는 시기	수확할 수 있는 시기	수확할 수 있는 시기	수확할 수 있는 시기	수확할 수 있는 시기	

재배 포인트 : 비료를 줄 때는 줄기에 가깝게 뿌립니다.

생강 레시피

홍콩과 마카오의 명물

생강 우유 푸딩

재료(1인분)

생강즙 … 1큰술
우유 … 180ml
설탕 … 3큰술

만드는 법

❶ 갈아낸 생강즙을 가제로 걸러줍니다.
❷ 실온에 보관한 우유를 내열용기에 붓고 설탕을 넣어 가볍게 젓습니다. 전자레인지(600w)에서 2분 동안 가열합니다.
❸ 생강즙을 가볍게 저어 ❷의 우유에 한번에 넣습니다. 섞지 않고 그대로 뚜껑을 덮어 15분간 굳혀줍니다.

어묵에 뿌려도 맛있는

생강 된장 소스

재료(2인분)

술 … 1/2컵
미소 된장 … 125g
미림, 육수 … 각 1/2컵
생강 … 50g

만드는 법

❶ 냄비에 술을 넣고 끓여 알코올을 날립니다.
❷ ❶에 미소 된장, 미림, 육수를 더한 다음 섞으며 끓입니다.
❸ 끓어오르면 불을 끈 다음 잔열을 식힙니다.
❹ 깨끗이 씻은 생강을 껍질째 갈아 ❸에 넣은 다음 섞으면 완성됩니다.

몸속부터 따뜻해지는

생강 삼계탕

재료(2인분)

찹쌀 … 1/6컵
대파 … 1/2개
뼈 있는 닭다리 … 1개
생강(간 것) … 1큰술
마늘 … 1/2쪽
구기자, 잣 … 각 1/2큰술
대추 … 2개
물 … 700ml
소금 … 1작은술

만드는 법

❶ 찹쌀을 씻은 다음 물에 1시간 정도 불립니다. 대파는 어슷썰기를 해둡니다.
❷ 냄비에 모든 재료를 넣고 끓입니다. 부글부글 끓어오르면 약불로 불을 줄이고 1시간 정도 뭉근하게 끓입니다.
❸ 닭고기를 꺼내 뼈를 발라준 다음 닭고기를 다시 넣고 입맛에 맞게 소금과 후추를 뿌립니다.

수제 생강 시럽

재료(만들기 쉬운 분량)

생강 … 3쪽
꿀 … 40g

만드는 법

❶ 생강의 껍질을 벗겨 얇게 슬라이스합니다.
❷ 보존 용기에 슬라이스한 생강과 꿀을 넣고 반나절 정도 놔둡니다.

생강 조림

재료(2인분)

생강 … 200g
간장 … 2큰술
술, 미림, 꿀 … 각 1큰술

만드는 법

❶ 생강은 껍질을 벗겨 얇게 슬라이스합니다.
❷ 냄비에 슬라이스한 생강과 간장, 술, 미림, 꿀을 넣고 국물이 없어질 때까지 약불로 졸여줍니다.
※미리 생강을 삶아두면 매운맛이 덜합니다.

수제 진저에일

재료(1인분)

생강 시럽 … 1큰술
탄산수 … 120ml

만드는 법

❶ 컵에 얼음, 생강 시럽, 탄산수를 적당량 넣고 섞어줍니다.

허브의 건조와 보관

건조 방법

허브를 건조하는 가장 일반적인 방법은 바람이 잘 통하는 곳에서 자연 건조하는 것입니다. 하지만 건조하는 동안 향이나 색이 변하는 경우도 있습니다. 허브를 더 쉽게 건조할 수 있는 방법을 소개합니다.

• 전자레인지를 사용하는 방법

수확한 허브를 유산지에 겹치지 않게 늘어놓고 전자레인지로 가열합니다. 전자레인지(500W)에서 3분 정도 돌리면서 타지 않도록 해주세요. 상태를 보면서 잘 마르지 않는 부분은 뒤집어 바삭바삭해질 때까지 가열해주세요.

• 여름철에 자동차를 이용하는 방법

여름철에만 가능한 방법입니다. 자동차 속에서도 허브를 건조할 수 있습니다. 수확한 허브를 커다란 종이봉투에 넣고 햇빛이 잘 닿는 곳에 정차한 자동차에 넣어둡니다. 창문을 닫아두면 자동차 안의 온도가 50도를 넘기 때문에 하루에 많은 허브를 건조할 수 있습니다.

• 허브 잘 말리는 팁

수확한 허브를 깨끗이 씻은 뒤 물기를 잘 제거해줍니다. 물기가 있는 채로 말리면 검은 얼룩이 지는 경우도 있습니다. 줄기가 수분을 많이 머금고 있기 때문에, 가능하다면 줄기는 떼고 잎만 건조해주는 게 더욱 빠른 방법입니다. 건조한 허브를 보존할 때는 가장 신경 써야 하는 것이 습기입니다. 건조제를 넣어 밀폐 용기에 보관하고, 시원하고 어두운 곳에 둡니다. 냉장고에 넣어두면 냉장고 문을 열고 닫을 때 생기는 온도 차로 인해 습기가 생기기 때문에 될 수 있는 한 실온에서 보관합시다.

• 보관 용기

건조한 허브를 보존할 때는 유리로 된 밀폐 용기를 사용하는 것이 제일 좋습니다. 봉투를 사용한다면 지퍼백을 사용하는 것이 편리합니다.

• 건조제

건조제는 시중에도 구할 수 있지만, 식품에 사용한다면 실리카겔이 가장 편리합니다. 실리카겔을 재사용하려면 전자레인지에서 30초 정도 가열합니다. 분홍색에서 투명하게 변하면 흡습성이 되살아난 것입니다. 실리카겔이 과열되면 자칫 사고가 날 수 있으니 주의해주세요. 단, 석회 건조제는 재사용할 수 없습니다.

허브티의 기본

프레시 & 드라이 허브티

허브를 키운다면 허브티를 꼭 마셔보세요. 방금 딴 신선한 허브와 향이 응축된 드라이(건조) 허브를 섞어 허브티를 만들어 먹으면 더욱 깊은 맛을 즐길 수 있습니다. 허브를 어떻게 조합할지 고민하는 것도 허브티를 즐기는 하나의 방법입니다. 신선한 페퍼민트와 드라이 재스민 혹은 레몬그라스를 더하면 개별적으로 즐길 때와는 또 다른 깊이가 생깁니다. 다양한 조합을 시험해보고 나만의 블렌드를 만들어보세요.

프레시 & 드라이 허브티 만드는 법

❶ 드라이 허브는 티스푼으로 크게 한 스푼이 1인분입니다. 프레시 허브는 드라이 허브의 3배의 양이 1인분입니다(라벤더처럼 향이 강한 허브는 티스푼의 1/3을 1인분으로).

❷ 1인분은 150cc를 적당량으로 생각해서 뜨거운 물을 티팟에 넣어줍니다. 향기나 좋은 성분이 날아가지 않도록 바로 뚜껑을 닫아주세요.

❸ 부드러운 꽃이나 잎이라면 3분, 씨앗이나 뿌리 등 약간 딱딱한 부분이 있다면 5분 정도 우려내 컵에 따라주세요. 허브티 특유의 풍미를 보존하기 위해서 우려내는 시간은 10분을 넘지 않는 것이 좋습니다. 진한 허브티를 만들고 싶다면 허브를 많이 넣으면 됩니다.

추천하는 조합

위장의 피로에 좋은 허브

페퍼민트

레몬밤

타임

재스민

저먼 캐모마일

페퍼민트, 타임, 레몬그라스, 재스민, 저먼 캐모마일은 위장을 깨끗하게 해주는 허브입니다. 취향에 맞게 섞어서 공복에 마셔보세요.

허브 오일과 허브 식초

재료

허브 오일

로즈메리 줄기 … 1개
마늘 … 1조각
월계수 잎 … 1장
올리브오일 … 150ml

* 그 외 추천 허브
바질, 세이지, 펜넬, 타라곤, 딜 등

허브 식초

타임 가지 … 2개
바질 … 1장
식초 … 150ml

* 그 외 추천 허브
파슬리, 오레가노, 로즈메리, 딜, 세이지, 민트, 펜넬, 레몬밤 등

허브 오일 / 허브 식초 만드는 법

❶ 허브를 깨끗이 씻은 다음 물기를 완전히 제거합니다. 향을 내기 위해서 가볍게 문지른 다음 소독한 병에 넣습니다.
❷ 올리브오일 혹은 식초를 조심스럽게 붓고 허브가 떠오르지 않도록 잘 가라앉게 합니다.
❸ 직사광선이 닿지 않는 곳에 두고 가끔 흔들어 향을 냅니다. 일주일 정도 지나면 좋은 향이 퍼지기 시작하고, 2주 정도 되면 향이 잘 스며듭니다. 원하는 만큼 향이 나면 허브를 꺼냅니다.

활용법

허브 오일

구운 고기나 생선에 향을 내기 위한 오일로 뿌리면 더욱 맛있게 먹을 수 있습니다. 드레싱이나 파스타에 사용해도 좋습니다.

허브 식초

드레싱이나 마리네를 할 때 사용하면 좋습니다. 탄산수에 섞어서 꿀을 더하면 산뜻하게 마실 수 있습니다.

주의할 점

- 허브에 물기가 남아 있으면 오일이나 식초가 상하는 원인이 되기 때문에 완전히 말려주는 것이 좋습니다.
- 허브가 공기 중에 닿으면 곰팡이가 발생할 수 있기 때문에 주의가 필요합니다. 허브가 떠오를 때는 오일 혹은 식초에 다시 잠기도록 해주세요.
- 향이 오일과 식초에 충분히 스며든 뒤에도 허브를 계속 담가두면 색이 변하거나 탁하게 됩니다. 꺼낸 허브는 요리에 사용해도 좋습니다.

Part 3

나무(목본) 허브

나무 허브의 기본

목본은 초본(=풀)과 대조되는 것으로 나무를 지칭합니다. 대표적인 나무 허브인 라벤더는 수확한 후에 깎아서 손질해주기 때문에 매년 키가 거의 비슷합니다. 크리핑 타입과 같이 키가 크지 않는 것도 있습니다. 어느 쪽이든 새로운 가지일 때는 풀처럼 부드럽고, 오래된 가지는 나무처럼 되는 것이 특징입니다.

허브 나무에는 1년 중 잎을 가지고 있는 상록수와 겨울 휴식기에 잎을 다 떨어트리는 낙엽수가 있습니다. 또한 키는 불과 몇 cm 정도로 자라는 것과 30m가 훌쩍 넘도록 크는 것도 있습니다. 올리브는 상록수에 키가 크게 자라는 나무, 산초는 낙엽수에 작은 키 나무로 분류됩니다.

묘목에 대한 기본 상식

나무 허브의 묘목은 1년 내내 유통됩니다. 1~2년차의 어린 나무는 플라스틱 화분 모종이라고 불리며 크게 자랄 때까지 시간이 필요합니다. 수년간 자란 큰 묘목은 가격이 높지만, 바로 수확할 수 있다는 장점이 있습니다. 낙엽수는 늦가을부터 이른 봄 사이에 출하되기 시작하고, 상록수는 봄이 시작되면 많이 출하됩니다. 나무의 모양(수형)이나 잎의 윤기 등을 확인하여 봄철 적절한 시기에 옮겨 심어주면 됩니다.

• 묘목 고르기의 포인트

노지에 가까운 줄기가 흔들림이 없고, 뿌리도 튼튼하게 자란 것을 고릅니다. 줄기가 흔들리는 것은 뿌리가 썩어 있는 경우가 있습니다. 잎이 연하거나 줄기가 얇은 것은 햇볕이 잘 들지 않는 곳에서 자랐을 가능성이 있기 때문에 생각만큼 잘 자라지 않을 수 있습니다. 잎끝이 마른 경우에는 뿌리에 문제가 있을 가능성 있기 때문에 구입하지 않는 것이 좋습니다. 다양한 묘목을 갖추고 판매하는 가게에서 직접 눈으로 확인하여 건강한 묘목을 구입하는 것이 좋습니다. 부득이하게 인터넷으로 구입하는 경우에는 신뢰할 수 있는 가게에서 고르도록 합시다.

• 옮겨심기할 때 주의할 점

플라스틱 화분에서 꺼냈을 때, 뿌리가 너무 단단하게 뭉쳐 있다면 뿌리의 끝부분 3분의 1을 가위로 정리하거나, 손으로 부드럽게 풀어준 뒤 심어주세요. 그렇게 하면 새로운 뿌리가 자라기 쉬워집니다.

• 분갈이는 정기적으로

화분에 키우는 나무 허브는 1~2년이면 뿌리가 화분을 꽉 채우므로 성장이 더뎌집니다. 잎의 윤기나 향이 약해질 수 있으므로 정기적으로 분갈이를 해주세요.

분갈이를 할 때는 1~2호수 정도 큰 화분을 골라줍니다. 같은 크기의 화분을 사용하는 경우에는 뿌리 부분을 조심스럽게 정리해주고, 새로운 흙을 사용해 분갈이합니다. 가지치기를 해서 전체적인 볼륨을 조금 작게 만들어주세요.

로즈메리
Rosemary

과명 꿀풀과
원산지 지중해 연안

로즈메리 꽃에서 딴 꿀은 향이 좋고 부드러운 단맛이 나서 최고급 꿀로 분류됩니다.

두피 케어
두피의 가려움을 개선하고 흰머리 방지에도 효과가 있습니다. 진하게 우려낸 로즈메리차를 식힌 다음 사과 식초를 조금 더해 트리트먼트로 사용해보세요.

드라이 로즈메리
로즈메리는 건조한 후에도 향이 진해 포푸리로 사용하기 좋습니다. 향기가 좋을 뿐만 아니라 방충 효과까지 있어 일석이조입니다. 또한 얇게 다져 구운 감자에 뿌리거나, 빵 혹은 케이크 살레(짭짤한 맛의 파운드케이크) 반죽, 프리타 반죽에 넣는 등 다양하게 사용됩니다. 말린 줄기는 바비큐 꼬치 대신 사용해도 좋습니다.

침엽수와 같은 깊은 향기와 노화방지 효과

부드러운 가시 같은 잎은 생약 성분이 강해 염증을 억제하거나 소화불량을 개선하는 데 도움을 준다고 합니다. 또한 항균 · 항산화 작용을 하며 화분증 증상을 완화한다고 알려졌습니다.

잎은 고기 요리나 스튜처럼 여러 재료를 넣고 푹 끓이는 요리에 빠트릴 수 없습니다. 로즈메리 줄기를 넣어둔 올리브오일은 생선이나 고기를 구울 때 사용하거나, 빵이나 따뜻한 채소를 먹을 때 소스 대신 뿌리면 더욱 맛있게 먹을 수 있습니다. 강하고 독특한 향을 가지고 있어서 조금만 사용하는 것이 좋습니다. 소취제 대용으로 리스를 만드는 것도 추천합니다.

헝가리 워터

17세기 유럽에서 만들어진 헝가리 워터(혹은 헝가리 물)는 로즈메리를 알코올과 함께 증류한 리큐르로, 약주나 향수로 사용됩니다. 신경통, 손발 저림, 어지러움, 나른함, 두통, 불쾌, 이명, 시력 저하, 혈전 등 매우 다양한 증세에 효과가 있다고 알려졌습니다. 관자놀이나 가슴에 발라 코로 호흡하거나 와인이나 보드카에 섞어 마십니다.

여러 번 증류해 만드는 이 방법은 기술적으로도 어렵고 공정도 까다롭기 때문에, 본래의 헝가리 워터는 매우 고가입니다. 현재는 로즈메리를 알코올에 담가 만든 팅크, 혹은 알코올이나 물에 정유를 소량 섞은 것을 헝가리 워터로 판매하고 있습니다.

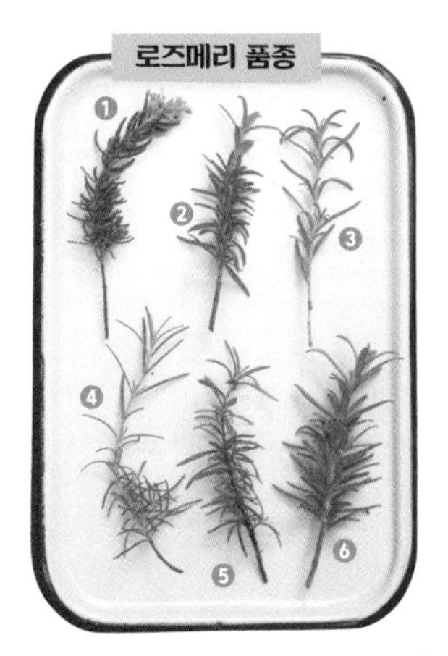

❶ 마요르카 핑크(Majorca Pink) ❷ 렉스(Rex)
❸ 마린블루(Marine Blue) ❹ 파인(Pine)
❺ 미스 제솝스 업라이트(Miss Jessop)
❻ 고지아테(ゴヅアテ)

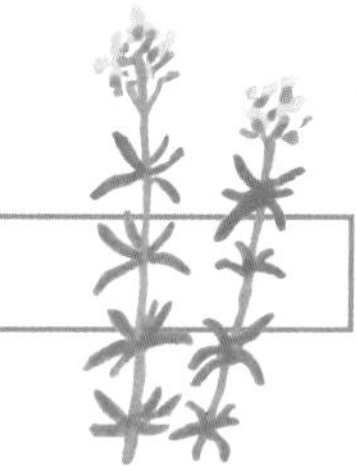

재배와 수확 | 가지가 노화되지 않도록 가지치기하면 1년 내내 수확할 수 있습니다.

옮겨심기

위로 자라는 직립성과 지면에 붙어 옆으로 퍼지는 포복성, 그리고 중간 타입의 품종이 있습니다. 포복성 품종은 행잉 플랜트나 화단에서 늘어뜨려서 키우는 것을 추천합니다. 화분은 묘목보다 두 사이즈 정도 큰 화분에 심고, 노지에 직접 심을 때는 줄기를 지면보다 높게 심어 물이 잘 빠질 수 있도록 합니다.

수확

키가 20cm 정도 되면 수확할 수 있습니다. 가지가 나온 부분에서부터 5cm 정도 위에서 잘라주면 남은 가지에서 새로운 싹이 자라납니다.

가지치기 ~ 꺾꽂이

가지가 빽빽해지면 내부에 습기가 차서 아래쪽 잎이 마르기 쉬우며, 자르지 않고 그대로 두면 가지가 노화해서 새로운 싹이 나기 어렵습니다. 오래된 가지는 봄에 짧게 자르고, 튼튼한 가지는 꺾꽂이해주세요.

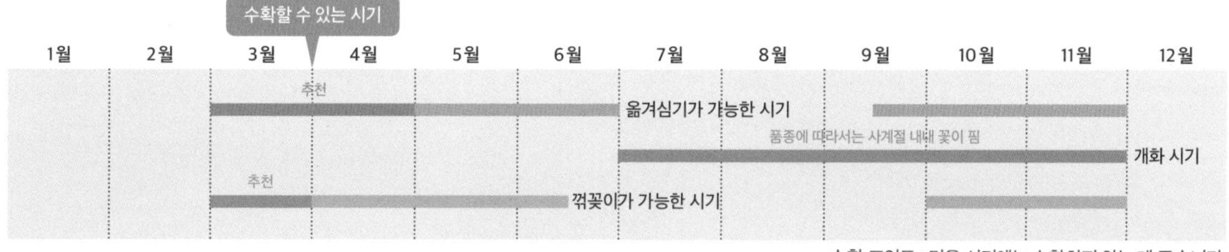

수확 포인트 : 더운 시기에는 수확하지 않는 게 좋습니다.

타임 Thyme

과명 꿀풀과
원산지 유럽, 북아메리카, 아시아

지면에 붙어 옆으로 퍼지는 포복성의 크리핑 타임을 정원에 심어주세요. 만지거나 밟을 때마다 기분 좋은 향이 납니다.

레몬 타임

실버 타임

위로 자라는 직립성의 타임입니다. 녹색 잎에 은색 얼룩이 있고, 가을부터 겨울까지 붉게 물듭니다.

보존식에도 조림 요리에도 잘 어울리는 타임

항균 효과가 뛰어난 티몰(thymol)이라는 성분이 포함된 허브입니다. 고대 이집트에서 미라의 방부나 보존 목적으로 사용되었습니다. 꽃이 필 때 약효가 가장 강하다고 알려져 있습니다. 고기나 생선 요리에 잘 어울리지만, 열이 가해져도 향이 사라지지 않으므로 조림 요리의 부케가르니로 자주 사용됩니다. 알레르기성 비염을 완화하기 때문에 뜨거운 물에 잎을 넣어서 증기를 들이마시면 호흡기나 코의 통증에 효과가 있습니다. 화분증이 심할 때에는 타임티로 가글을 하면 호전됩니다. 여름의 습기와 더위에 약하기 때문에 과습에 주의해주세요.

집 안의 습한 곳을 청결하게

살균 작용이 있는 식초에 타임을 담가 타임 식초를 만듭니다. 드레싱으로 먹을 수 있을 뿐만 아니라 묽은 제형으로 만들어 스프레이로 뿌리면 싱크대 주변의 물때를 없애는 데 사용할 수 있습니다. 부엌뿐만 아니라 욕실, 화장실에서도 사용해보세요.

도시락에도 타임 한 줄기를

타임 줄기를 씻어 물기를 제거한 다음 살짝 문질러서 도시락에 넣으면 방부제 효과가 있습니다. 반려동물이 마시는 물에도 타임 가지를 넣어주면 좋아요.

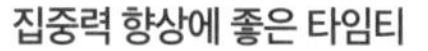

집중력 향상에 좋은 타임티

뇌세포를 활성화시키고 집중력을 높여주는 효과가 있는 타임티는 공부하기 전, 혹은 시험 보기 전에 마시면 좋습니다. 풍미가 너무 강하게 느껴지면 꿀을 타서 마시는 것도 좋은 방법이에요. 인후 관리에도 좋습니다.

재배와 수확

조금 건조한 상태를 좋아합니다.
너무 빽빽하게 자라면 습기가 찰 수 있으니 통풍을 위해 가지를 잘라주세요.

옮겨심기

성장이 왕성하므로 3호 화분 크기의 모종이라면, 직경 12cm 이상의 화분을, 4호 모종이라면 반으로 나눠서 직경 20cm 이상의 화분에 심어주세요. 노지에 직접 심는 경우에는 지면보다 높게, 간격은 10~20cm 떨어뜨려서 심어줍니다.

수확 ~ 물주기

여린 줄기와 잎은 생으로 이용하거나, 손가락 끝으로 훑어 잎을 떼주세요. 꽃을 수확한 뒤에는 습기가 차기 쉬우므로 줄기를 잘라 정돈합니다. 약간 건조한 것을 좋아하기 때문에 겉흙이 마르면 물을 주세요.

가지치기 ~ 꺾꽂이

너무 빽빽해지면 습기가 차서 줄기 밑부분부터 마르기 때문에, 잎을 몇 장 남겨둔 위치에서 가지치기합니다. 잘라낸 가지는 꺾꽂이를 할 수 있습니다.

수확할 수 있는 시기

1월 2월 3월 4월 5월 6월 7월 8월 9월 10월 11월 12월

추천
옮겨심기가 가능한 시기
개화 시기
추천
꺾꽂이가 가능한 시기
포기나누기가 가능한 시기

수확 포인트 : 매년 수확할 수 있지만, 추천하는 시기는 4월입니다.

타임 도감

위로 자라는 직립성과 지면에 붙어 옆으로 퍼지는 포복성 타입이 있습니다.

둔 밸리 타임 (Doone Valley Thymus)

포복성. 화려한 금색 무늬의 잎이 특징입니다. 전체적으로 강한 레몬 향이 납니다. 여름에는 작은 분홍색 꽃을 피웁니다.

실버 레몬 타임

직립성. 은색 무늬가 들어간 잎을 지니며, 인기 있는 종입니다. 꽃은 옅은 라일락 색을 띠며 식물 전체에서 레몬 향이 납니다. 관상용 가로수로 많이 심습니다.

프렌치 타임

직립성. 커먼 타임 계통으로 매콤한 풍미와 풍부한 향이 특징입니다. 방부 효과가 높아 요리에 스파이스로 사용하는 것을 추천합니다.

레몬 타임

직립성. 커먼 타임(일반 타임)과 함께 가장 인기 있는 종입니다. 녹색 잎에 연한 분홍색 꽃이 밀집해서 핍니다. 레몬 향이 납니다.

크리핑 타임

포복성. 높이가 10cm 정도이며 초여름에 작은 분홍색 꽃이 한 번에 핍니다. 흰색이나 빨간색 꽃을 피우는 품종도 있습니다. 별명은 와일드 크리핑 타임, 타임의 엄마(mother of thyme), 혹은 엄마의 타임(mother's thyme)입니다.

라벤더 타임

포복성. 라벤더 색의 귀여운 꽃이 피며 라벤더 향이 납니다.

폭스리 타임 (Foxley Thymus)

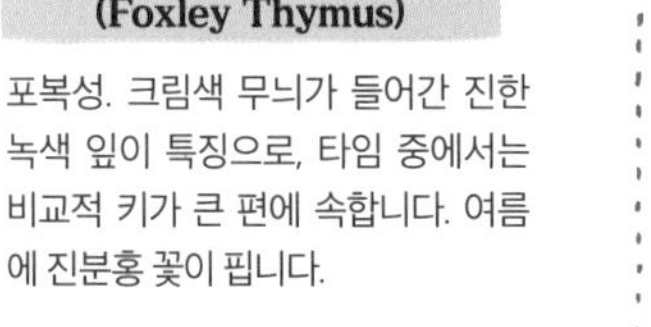

포복성. 크림색 무늬가 들어간 진한 녹색 잎이 특징으로, 타임 중에서는 비교적 키가 큰 편에 속합니다. 여름에 진분홍 꽃이 핍니다.

핫 타임

매콤한 풍미와 뛰어난 향기를 지녔습니다. 커먼 타임과 같이 방부 효과가 뛰어나고 고기나 생선 요리에 사용됩니다.

골든 레몬 타임

포복성. 황금색의 무늬가 들어간 잎이 특징으로 연한 분홍색의 작은 꽃을 피웁니다. 전체적으로 레몬 향이 강한 품종입니다.

커먼 타임

직립성. 타임의 대표적인 종으로, 옅은 분홍색의 작은 꽃을 빽빽하게 피웁니다. 타임 중에서도 가장 매콤하며, 프랑스 요리의 부케가르니나 허브 믹스 샐러드에 빼놓을 수 없는 허브입니다. 시원한 향기를 지닌 작은 가지는 수프나 스튜 등에 사용되는 부케가르니로 쓰입니다. 방부력이나 살균력이 있어 생선이나 고기 보존에 사용하면 좋습니다.

산초

Japanese pepper

과명 운향과
원산지 일본, 한국 남부

열매를 맺는 것은 오직 암나무입니다.

큰 잎은 말려서 고명으로
크고 질긴 잎은 잘 말려서 갈아둡시다. 후리카케에 더하거나 우동이나 소면에 고명으로 쓰면 좋습니다.

산초 미소
다진 잎을 미림과 간장, 미소와 함께 조려 만든 산초 미소. 풍미가 좋으며 구운 생선에 뿌리거나 주먹밥에 넣으면 색다르게 즐길 수 있습니다.

상큼한 매운맛과 향기로운 냄새가 내장 활성화를

얼얼하면서도 산뜻한 매운맛이 특징인 산초는 특히 일본에서 많이 사용되는 허브입니다. 매운맛 성분인 '산쇼올(sanshool)'에는 내장 활성화(장 유동증가) 성분과 해독, 살균 효과가 있어 생약으로 처방됩니다. 어린 싹은 '나무의 싹'이라고 불리며 구이나 조림 요리에 색을 더하거나 산초 미소로 만들어 즐기기도 합니다. 초여름에 나는 푸른 열매는 간장이나 소금에 절여 보존식으로 먹는 것도 추천합니다. 빨갛게 익은 열매의 외피를 갈아 으깬 것이 산초 가루입니다. 산초나무는 암수 구별이 있어서, 한 그루만 심으면 열매를 맺지 않습니다.

산초 향기로 정통의 맛 마파두부

재료(2인분)

돼지고기(간 것) … 200g
연두부 … 한 모
대파 … 10cm
A | 마늘 … 1쪽
생강 … 1쪽
두반장 … 1작은술
치킨 파우더 … 1/2작은술
B | 간장 … 2큰술
물 … 50ml
전분 가루 … 2큰술
산초 가루 … 1/2작은술
식용유 … 2큰술

만드는 법

❶ 연두부를 사방 2cm 크기로 썰고 대파, 마늘, 생강을 잘게 다집니다.
❷ 프라이팬에 식용유를 두르고 달군 다음 A를 넣고 중불에서 볶아줍니다. 다진 고기를 넣고 볶아줍니다.
❸ B를 더해 부글부글 끓어오르면 같은 양의 물과 전분을 풀어 걸쭉하게 만들어줍니다.
❹ 두부, 파를 더해서 한 번 섞은 다음 산초를 뿌립니다.

산초 열매의 밑준비

잘 씻은 산초 열매를 충분한 양의 물에 6~7분간 삶아주세요. 손가락으로 으깰 수 있을 정도의 단단함이 좋습니다. 다 삶은 열매는 1시간 정도 물에 담가두고 중간중간 물을 갈아주세요. 떫은맛이 사라지면 완성입니다. 물기는 잘 제거해주세요. 바로 사용하지 않는 경우에는 냉동실에 보관합니다.

재배와 수확 | 가시가 없는 암수 나무의 가지를 선택해주세요.
주변의 호랑나비를 조심하세요!

옮겨심기

열매를 수확할 때는 암수 가지를 택합니다. 가시가 없는 '아사쿠라 산초'라는 품종은 암수한그루이므로 추천합니다. 너무 춥지 않은 겨울에 화분에서 빼서 흙을 건드리지 않고 그대로 심어줍니다. 분갈이를 좋아하지 않는 식물입니다.

키우는 환경 ~ 물주기

뿌리가 얕게 자라고, 심한 건조함이나 과습을 좋아하지 않습니다. 특히 여름에는 건조해지지 않게 그루터기에 짚이나 천으로 덮고, 장마철에는 물이 고이지 않도록 주의합니다.

수확 ~ 병충해

봄에 새싹을 수확하고 7월쯤에 푸른 열매를 딸 수 있습니다. 다 익은 열매는 9월 정도에 수확할 수 있습니다. 호랑나비가 산란하는 나무이니, 잎을 먹는 유충을 발견하면 제거해 주세요.

* 여름철에는 물을 자주 주고, 짚을 깔아 건조하지 않게 해주세요.

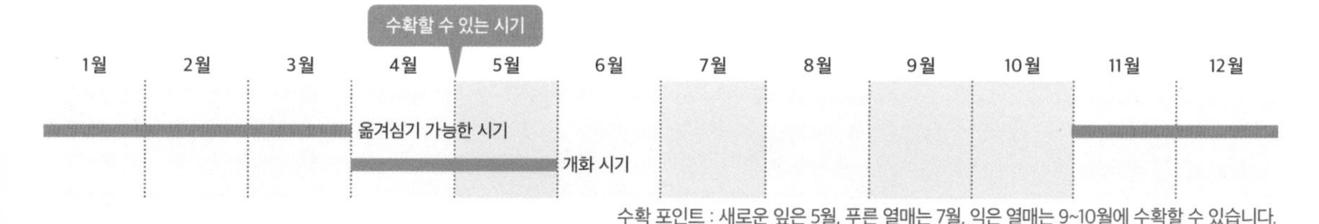

수확 포인트 : 새로운 잎은 5월, 푸른 열매는 7월, 익은 열매는 9~10월에 수확할 수 있습니다.

레몬버베나

Lemon verbena

과명 마편초과
원산지 칠리, 아르헨티나, 페루

레몬버베나를 사용한 상큼한 케이크 살레

레몬을 닮은 우아한 향의 허브

고상한 레몬 향이 나는 허브로 진정 효과가 높아, 유럽에서는 순산을 위해 차로 마십니다. 소화에 도움을 주기 때문에 밥 먹은 뒤나 자기 전에 즐겨보세요. 레몬버베나차를 젤리로 만들거나, 파운드 케이크에 섞어 만들어도 좋습니다. 향이 좋은 꽃은 잘 말려서 갈아준 다음 소금과 섞어두면, 삶은 달걀이나 구운 감자 등의 스파이스로 사용할 수 있습니다. 말리고 나서도 향이 오래 가기 때문에 향낭 주머니(샤셰)로 만들어도 좋습니다.

눈 주변의 붓기에도 효과
피곤한 날에는 짙게 우린 허브티를 화장솜에 적셔 아이 마스크를 해보는 것을 추천합니다. 눈 주위의 붓기가 사라집니다.

프랑스인이 사랑하는 버베나
프렌치 레스토랑에서는 식사 후에 버베나 차가 나오는 경우가 많습니다. 만약 생잎으로 만든 차를 내놓는 곳이라면 믿을 만한 가게입니다.

과일 디저트의 장식으로
과일과도 잘 어울려 콤포트나 젤리 등 과일 디저트의 장식으로 사용됩니다. 단맛을 절제해서 레몬버베나의 향을 즐길 수 있도록 만들어봅시다.

재배와 수확 | 추위에 약간 약한 낙엽수입니다. 가지치기로 수형을 말끔하게 다듬어주세요.

옮겨심기
화분에 심는 경우에는 직경 24~30cm의 커다란 사이즈 화분에 심어주세요. 가늘고 약하게 자라기 쉽기 때문에, 노지에 직접 심는 경우에도 화분에 심어서 나무가 작을 때 순지르기, 적심을 통해 가지를 늘려준 다음 성장하게 합니다.

수확 ~ 가지치기
잎이 있을 때는 언제나 수확할 수 있습니다. 기온이 높으면 성장이 활발해지고 가지가 무성해지므로 수확을 하는 겸 가지치기합니다. 자른 가지는 꺾꽂이가 가능합니다.

겨울나기
추위에 약한 편이므로, 최저기온이 영하로 내려가면 화분을 실내로 들여놔주세요. 5도 이상 유지해주면 잎이 지지 않습니다. 밖에서 키우는 경우에는 11월쯤에 낙엽이 지므로 짧게 잘라 다시 키우기하여 추위를 나게 해줍니다.

* 옮겨심기를 해준 직후에 순지르기를 합니다.

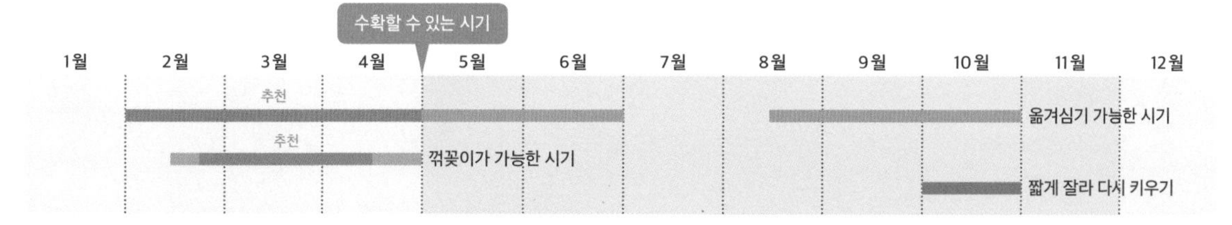

올리브 Olive

과명 물푸레나무과
원산지 지중해 연안

열매의 변화

미숙한 올리브 열매는 파릇한 녹색을 띱니다. 익으면서 노란색을 띠다가 점차 빨간색으로 변하고, 완전히 익으면 검은색이 됩니다. 우리가 시중에서 흔히 보는 것은 그린 올리브와 블랙 올리브를 소금에 절인 것입니다. '올리유로핀(Oleuropein)'이라는 폴리페놀 성분이 강한 떫은맛을 내기 때문에 그대로 먹기는 어렵습니다. 가장 일반적인 방법은 수산화나트륨(가성소다)을 사용해 떫은맛을 제거하고 소금에 절이는 것입니다.

은색 잎과 아름다운 수형이 인기인 정원수

자라나는 기세가 좋고 키가 10m까지 자라는 나무입니다. 관엽식물로 인기가 높지만, 자연적으로 수분하는 것은 까다로운 편입니다. 열매를 맺으려면 품종을 잘 고르고 가지치기도 잘 해줘야 합니다. 올리브 열매는 소금에 절이거나 다른 허브와 함께 오일에 절이는 것을 추천합니다. 그대로 안주로 먹어도 좋지만, 소금에 절인 올리브를 다져 주먹밥을 만들어 먹어도 맛있습니다. 햇볕이 잘 들어오는 곳이라면 실내에서 키우는 것도 가능합니다.

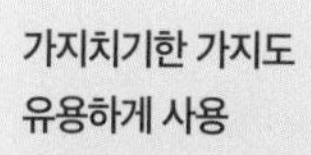

가지치기한 가지도 유용하게 사용

얇은 가지는 잎이 달린 채로 7~8cm 길이로 잘라 끝부분을 뾰족하게 다듬으면 푸드픽으로 사용할 수 있습니다. 리스의 재료로 쓰거나 수공예품에 사용할 수도 있습니다.

잎차

올리브 잎에는 철분이나 칼슘, 폴리페놀이 풍부하고 항산화 효과가 있습니다. 잎을 햇볕에 말려 차로 마시면 좋습니다. 새싹은 생잎으로 우려보세요. 혈압을 내리고 혈행 개선의 효과가 있습니다.

재배와 수확 | 다른 두 가지 품종을 함께 심어주세요. 건조한 토양을 좋아합니다.

옮겨심기

열매를 맺기 위해서는 다른 두 가지 품종을 가깝게 심어야 합니다. 햇볕이 잘 들고 물 빠짐이 좋은 곳에서 마그네시아 석회를 뿌려 토양을 알칼리성으로 만든 뒤에 옮겨 심어주세요. 한랭지에서는 화분에 심어서 키워주세요.

수확 ~ 가지치기

키가 10~15m까지 자라는 큰 나무로 묘목을 심어 3년 정도 지나면 열매를 맺습니다. 이듬해에 꽃과 열매를 볼 수 있기 때문에 해가 바뀌어도 이전에 자란 가지를 자르지 마세요. 너무 많이 자랐거나 얇은 가지는 뻗어난 부분에서 가지치기합니다.

물주기

비교적 건조한 토양을 좋아하기 때문에 야외에 심었다면 극심하게 건조하지 않은 이상, 따로 물을 줄 필요는 없습니다.

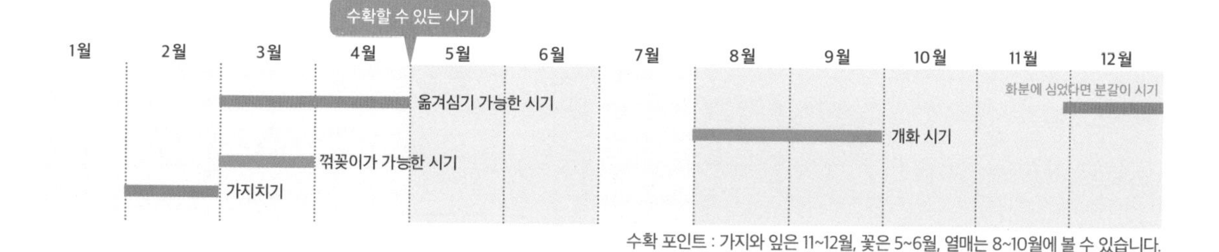

수확 포인트 : 가지와 잎은 11~12월, 꽃은 5~6월, 열매는 8~10월에 볼 수 있습니다.

올리브 품종 분류

올리브는 스스로 열매를 맺기 쉬운 품종도 있지만, 수분수(다른 꽃의 꽃가루를 받을 수 있도록 섞어 심는, 품종이 다른 과실나무)가 옆에 있으면 열매를 맺을 확률이 올라갑니다.

수분 ○ (스스로 열매를 맺는 품종)

품종	크기	원산지	특징
피쿠알 Picual	중형	스페인	잎이 연녹색이며 비교적 큰 편입니다. 열매가 완숙히면 검고 광택이 나는 원통형이 특징입니다. 수형이 한 덩어리로 자라는 품종이며 자가수분 하는 우수한 품종입니다.
루카 Lucca	중형 · 조생종	이탈리아	자가결실성이 높아 다른 품종의 수분수로 사용하는 품종입니다. 왕성하게 성장하고 올리브다운 아름다운 수관을 형성합니다. 열매는 작고, 잎은 폭이 넓은 달걀형에 가깝습니다.
원 세븐 세븐 One seven seven	중형 · 조생종	이탈리아	조생종으로 열매의 크기는 작지만, 잘 열리는 품종입니다. 은색의 큰 잎이 아름다운 품종입니다.
펜돌리노 Pendolino	중형	이탈리아	토스카나 지방에서 올리브오일을 만드는 데 가장 많이 사용되는 품종입니다. 열매는 원통형으로 작은 중간 크기이며 수형은 옆으로 넓게 퍼지는, 개장형입니다.
오클란 Aucklan	중형	뉴질랜드	자가수분으로 열매를 맺는 우수한 품종이지만, 한랭지에서의 재배는 어렵습니다.
크리스트 Christ	중형 · 조생종	뉴질랜드	뉴질랜드에서 개량된 자가수분이 가능한 품종입니다. 수형은 작은 편이며 성장이 빠르지만, 한랭지에서의 재배는 어렵습니다.

수분 △ (자가결실이 약간 가능한 품종)

품종	크기	원산지	특징
아베키나 Arbechina	소형	스페인	작은 잎이 촘촘히 자라는 희소 품종으로, 열매의 크기는 작지만 풍성하게 달립니다. 싹이 잘 돋는 편으로 가지치기로 다듬으면 빽빽한 수형이 됩니다.
프란토이오 Frantoio	중형	이탈리아	중부 이탈리아 토스카나 지방에서 가장 많이 자라는 품종으로, 성장은 느린 편입니다.
코라치나 Coratina	중형 · 조생종	이탈리아	열매를 빨리 맺는 조생종으로 중간 사이즈입니다. 잎은 얇고 길며 큰 편입니다.
레치노 Leccino	중형	이탈리아	토스카나 지방이 원산지로, 기후 변화에 잘 적응하는 품종입니다. 잎이 작고 병충해에도 강합니다.
마우리노 Maurino	중형	이탈리아	열매는 작은 타원형으로 빨리 익습니다. 레치노나 프란토이오, 치플라치노, 모로이오로, 펜도리노 등과 교배하면 열매를 잘 맺습니다.
파라곤 Paragon	중형	프랑스	원산지는 프랑스이지만, 호주에서 많이 재배됩니다.
미션 Mission	중형	미국	캘리포니아 주에서 발견된 스페인 품종으로 직립성 수형입니다. 잎은 살짝 은빛이 돌며 가지 끝이 뾰족한 모양입니다. 열매의 향이 좋아 널리 재배됩니다.
코로네이키 Koroneiki	중형	그리스	수형은 확장형으로 화분량이 풍부합니다. 추위에 약해, 온도가 높고 비가 적게 오는 곳이 잘 맞습니다.

수분 × (자가결실이 되지 않는 품종)

품종	크기	원산지	특징
네바디 로 브란코 Nevadi llo Blanco	(화분수) 중형 · 조생종	스페인	대중적인 품종으로 유통량이 많으며, 성장이 왕성하고 수형은 직립성입니다. 잎은 옅은 녹색이고 뒷면은 잿빛 녹색을 띕니다. 수분수로 사용됩니다.
만자리노 Manzanillo	중 / 대형 · 조생종	스페인	열매가 사과 같은 모양입니다. 잎은 은빛을 띠며 작고 둥근 모양입니다. 가지는 빽빽하고 작으며 한 덩어리로 자라는 품종입니다.
아스코라노 Ascolano	소형	이탈리아	열매는 큰 타원형으로 다 익어도 밝은색을 띕니다. 잎은 둥글고 수형은 옆으로 퍼지기 쉬운 품종입니다.
베루다레 Verdale	중형	프랑스	꽃에서 아주 은근한 향이 나며, 은색의 큰 잎을 가지고 있습니다. 수형은 한 덩어리로 자라기 쉬운 편입니다.
바루아네 Barnea	중형	이스라엘	수형이 한 덩어리로 자라는 우수한 품종입니다. 녹색의 둥근 잎을 가지고 있으며, 둥글고 중간 크기의 열매를 많이 맺습니다.

레치노
(Leccino)
코로네이키
(Koroneiki)
프란토이오
(Frantoio)
미션
(Mission)
네바디 로 브란코
(Navadi llo Blanco)
루카
(Lucca)
아베키나
(arbechina)
원 세븐 세븐
(One seven seven)

라벤더

Lavender

과명 꿀풀과
원산지 지중해 연안

유럽에서 인기 있는 라벤더 꿀은 향이 강하고 아름다운 호박색을 띠는 것이 특징입니다.

향기의 여왕이라는 칭호를 가지고 있는 아로마 플랜트

허브 중에서도 많은 사람들이 찾는 품종입니다. 라벤더 향은 신경을 안정시키고 스트레스를 완화하는 효과가 있습니다. 자극이 적어 아기들에게도 안심하고 사용할 수 있기 때문에, 특히 밤중에 아이가 울면 집 안에 라벤더 아로마 향을 피우거나 베개 옆에 향낭 주머니(샤셰)를 놓아보세요.

고대 로마 시대부터 입욕제로 사용되었고, 피부 재생을 도와 스킨케어용으로도 인기가 높습니다. 향이 강하므로 차로 마실 때는 조금 약하게 마시거나 다른 허브와 블렌드 해서 마시는 것을 추천합니다.

라벤더 비누

뜨거운 물로 우려낸 라벤더차를 식혀둡니다. 무향료의 비누를 갈아 차를 넣고 잘 섞으면 간단하게 라벤더 향의 비누를 만들 수 있습니다. 쿠키 틀 모양으로 만드는 것도 좋은 방법입니다. 피부에 탄력을 주며 살균 효과도 기대할 수 있습니다.

프레시 라벤더차의 매력

집에서 키울 때 꼭 추천하는 품종입니다. 꽃송이로 우려낸 차는 잎을 말려 차로 마시는 것과는 확연히 다른 맛을 냅니다. 부드러운 향으로 몸과 마음을 편안하게 해보세요.

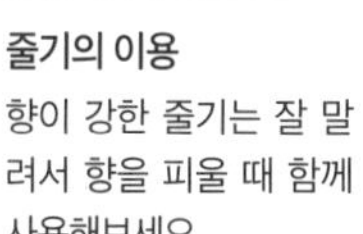

줄기의 이용

향이 강한 줄기는 잘 말려서 향을 피울 때 함께 사용해보세요.

라벤더 꽃은 거꾸로 매달아서 건조

라벤더 꽃은 물에 닿으면 줄기에 바로 곰팡이가 생기기 시작하기 때문에 수경 재배를 하면 낭패를 보기 십상입니다. 꽃을 다발로 묶어 환기가 잘 되는 곳에 거꾸로 매달아 건조해주세요.

재배와 수확	습기가 차는 것이 가장 위험합니다. 줄기를 잘라서 다시 잘 자라게 해주세요.

옮겨심기

높이 10cm 정도가 되는 묘목이라면 직경 15cm 정도의 화분에 심어주세요. 노지에 직접 심는다면 물 빠짐이 좋은 장소에 흙을 지면보다 높게 쌓아올린 뒤 심어주세요.

수확

줄기와 잎은 1년 내내 수확할 수 있고, 꽃은 70% 정도 피었을 때, 좋은 날씨가 계속된 날의 오전 중에 수확합니다. 줄기가 시작되는 부분에서 두세 마디 정도 위, 3분의 1 정도의 높이에서 잘라주세요.

짧게 잘라 다시 키우기 ~ 꺾꽂이

줄기가 너무 빽빽해지면 습기가 차서 쉽게 말라버립니다. 이른 봄이나 추워지기 시작할 때, 혹은 꽃을 수확할 때 짧게 잘라 공기가 잘 통하도록 해줍니다. 특히 이른 봄에는 적극적으로 가지치기해주세요. 라벤더는 갑자기 말라버리는 경우가 있기 때문에, 자른 줄기는 꺾꽂이해서 예비 묘종을 만들어두는 것을 추천합니다.

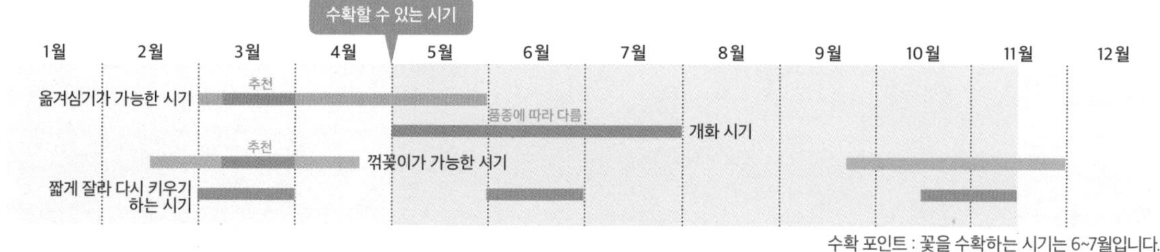

수확 포인트 : 꽃을 수확하는 시기는 6~7월입니다.

라벤더의 품종 분류

라벤더는 다양한 재배 품종이 있습니다.
몇 가지 계통으로 나눠집니다.

잉글리시 라벤더	잉글리시 라벤더의 계통은 '커먼 라벤더', 혹은 '트루 라벤더'라고 불리며 가장 향기가 좋고, 정유 성분이 많은 것이 특징입니다. 작고 색이 진한 꽃이 핍니다. 홋카이도의 후라노에 있는 잉글리시 라벤더 밭이 매우 유명합니다. 한랭지에 잘 맞으며 고온 다습한 환경에 약합니다.
라반딘	잉글리시 라벤더와 스파이크 라벤더(Lavandula Latifolia)를 이종 교배한 품종입니다. 잉글리시 라벤더보다 추위를 잘 견디고, 키우기도 수월합니다. 향이 자극적이고 정유 성분이 있어 향료 등으로 사용됩니다. 꽃은 크고 잎이 넓습니다.
프렌치 라벤더	프렌치 라벤더는 꽃 끝에 토끼 귀 같은 긴 꽃잎이 나오는 것이 특징으로 귀여운 모습 덕분에 인기가 높습니다. 향은 약한 편이지만, 더위에 강하고 키우기 쉽습니다.
그 외	잎이 가늘고 가장자리가 톱니 모양인 덴타타 종, 사계절 꽃을 피우는 프테로스토에카스 종(ptero stoechas lavender) 등이 있습니다.

잉글리시 라벤더

프렌치 라벤더

Part 4

과일나무 허브

과일나무 허브의 기본

나무 허브 중에서도 과일 열매를 맺는 것을 과일나무 허브라고 합니다. 수년간 재배하여 나무가 충분히 자라야 열매를 맺습니다. 여름부터 가을까지 열매를 맺고 가을에는 잎을 떨어트리는 '낙엽과수', 겨울에도 잎이 지지 않는 '상록과수', 열대지역이 산지인 '열대과수'가 있습니다. 과일나무는 품종에 따라 한 그루만 심어도 열매를 맺는 자가결실형과 다양한 품종을 같이 키워야 열매를 맺는 자가불결실형이 있습니다. 과일나무의 성질을 잘 이해하여 준비하도록 합시다.

- 과일나무 묘목

과일나무의 묘목은 '실생묘', '꺾꽂이 묘', '접목묘'가 있습니다. 씨앗에서 자란 실생묘는 어린 나무의 시기가 길고, 열매를 맺을 때까지 시간이 오래 걸리며 부모 나무와 같은 열매를 맺을 것이라고 확신할 수 없습니다. 시중에서 판매되는 대부분의 묘목은 접목묘입니다. 접목 부분이 깔끔하고, 눈에 띄지 않는 것을 고르도록 합니다. 줄기가 굵고 가지에 탄력이 있으며, 잎 사이 간격이 적당히 떨어져 있거나 건강한 잎과 싹이 풍성하게 달린 것이 키우기 좋은 묘목입니다.

과일나무의 묘목에는 플라스틱 화분 묘목 외에도, '나묘'도 있습니다. 나묘는 밭에서 파내서 흙을 털어낸 상태의 것으로 '뿌리 모종'이라고도 불립니다. 겨울에 인터넷 등으로 구입하는 경우에 많이 볼 수 있습니다.

옮겨 심을 때 주의할 점

• 옮겨심기에 적당한 시기

과일나무를 옮겨심기에 좋은 시기는 12~3월입니다. 다만 한랭지에는 서리가 내리기 전인 10월 정도가 좋습니다. 싹이 나오기 전에 옮겨 심어주세요.

• 옮겨심기 방법

모목을 심을 때는 뿌리와 흙 사이에 빈 공간이 생기지 않도록 하는 것이 중요합니다. 화분에 용토를 넣고, 그 위에 뿌리를 펼쳐서 묘목을 놔주세요. 그 위에 용토를 더하고 묘목을 가볍게 흔들어 사이사이에 흙을 채웁니다. 물을 듬뿍 준 다음 뿌리와 흙이 자리를 잡으면 그 위에 다시 흙을 더합니다.

• 접목묘 심기

접목묘를 심을 때는 먼저 접목 나무 테이프를 떼어냅니다. 붙인 부분이 반드시 지면 위에 오도록 심어주세요.

• 지지대 세우기

뿌리가 단단히 자리 잡기까지 지지대를 세워두는 것이 좋습니다.

커다란 열매를 수확하기 위해서

비료

과일나무를 키울 때는 비료를 주는 시기가 매우 중요합니다. 크게 나누자면 1년에 3번의 시기가 있습니다.

❶ 밑거름(12~3월)

비료는 새싹을 틔우는 데 빼놓을 수 없습니다. 질소와 인산을 함유한 유기비료를 중심으로 싹을 틔우기 전에 뿌립니다.

❷ 추비(6~7월)

개화와 뿌리 성장을 촉진하는 것뿐만 아니라 과일의 발육을 위한 비료를 뿌립니다. 칼슘을 포함한 속효성이 있는 비료를 주고, 질산은 적게 줍니다.

❸ 감사비료(9~10월)

약해진 나무의 기운을 회복시키기 위한 비료를 수확 직후에 적당히 뿌립니다. 질소분을 많이 포함한 속효성 비료가 좋습니다.

❹ 물주기

과실이 커지는 시기에는 물을 충분히 주는 것이 좋으며, 온도가 높은 시기에는 물 마름에 주의해주세요. 과일이 무르익으면 더욱 맛을 들이기 위해 물을 적게 주는 것이 좋습니다. 대략 수확하기 2개월 전쯤입니다.

레몬

Lemon

과명 운향과
원산지 히말라야 동부

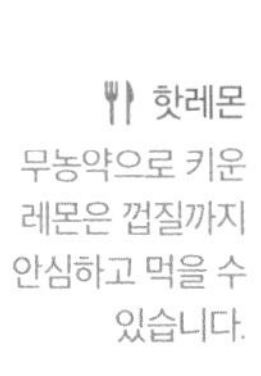

핫레몬
무농약으로 키운 레몬은 껍질까지 안심하고 먹을 수 있습니다.

사용하고 남은 레몬의 보존 방법

컵에 물을 조금 넣고 레몬의 절단면을 아래로 향하게 하여 물에 닿지 않을 만큼 넣습니다. 컵 윗면에 비닐랩을 씌워 냉장고에 넣어두면 자른 부분이 마르지 않고 싱싱하게 보존할 수 있습니다.

감기 예방 및 미용 효과

인도가 원산지인 레몬은 추위에 약한 편이고, 열매를 맺을 때까지 수년이 걸립니다. 비타민C가 풍부하며 구취 제거, 항독소 작용의 효과가 있습니다. 살균 효과가 있어 여드름 흉터에도 효과를 볼 수 있습니다. 약산성이라 알칼리성 음식에 넣으면 산도를 균형 있게 맞출 수 있습니다. 또한 주방의 기름때나 세면대 수도꼭지 주변의 물때를 청소하는 데도 요긴하게 쓸 수 있습니다. 레몬즙을 짜고 남은 껍질을 버리지 말고 활용해보세요. 레몬을 통째로 꿀이나 소금에 절일 때는 가능한 한 유기농을 사용해주세요.

레몬 절임 만드는 법

재료 유기농 레몬, 레몬 무게의 10~20% 소금

깨끗이 씻은 레몬을 껍질째로 슬라이스해서 소독한 병에 소금, 레몬, 소금을 교차로 반복해서 넣어줍니다. 소금을 맨 마지막에 넣어 가장 위에 오도록 해주세요. 뚜껑을 잘 닫아 냉장고에 보관합니다. 이따금 병을 위아래로 잘 흔들어주세요. 일주일 정도 지나면 먹을 수는 있지만, 한 달이 지나야 진액이 나오고 걸쭉해집니다. 점성이 생기면 레몬째 믹서에 돌려 레몬 페스토로 만들어 먹는 것도 좋습니다.

레몬 잎

상쾌한 향기가 가득한 생잎은 홍차와 무척 잘 어울립니다. 레몬 산지인 시칠리아에서는 흰살 생선이나 다진 고기에 싼 다음 찌거나 구워 먹습니다.

재배와 수확 | 어린 나무는 적당히 거리를 벌려 심어줍니다. 3~4년 뒤에 꽃이 핍니다.

옮겨심기

3도 이하로 기온이 내려가는 곳에서는 화분에 심어 실내에서 키우는 것이 좋습니다. 노지에 직접 심는 경우에는 햇볕이 잘 들고 물 빠짐이 좋은 장소에 심어주세요. 화분에 심은 경우에는 2~3년마다 분갈이를 해줍니다.

가지치기 ~ 비료 주기

젊은 나무는 가지가 쑥쑥 자라나지만, 가지만 자라면 꽃이나 열매를 맺기 어렵습니다. 겹친 가지가 있다면 가지가 자란 부분에서 가지치기해주세요. 1년에 3번 정도 비료를 주면 열매가 풍성하게 달립니다.

수확

심고 나서 3~4년이 지나면 꽃이 핍니다. 거의 매년 꽃을 피우지만, 봄에 핀 꽃의 열매 이외에는 다 크기 전에 열매솎기를 해주고, 노지에 직접 심은 나무의 경우에는 20~30개를 유지하는 정도로 관리해주세요.

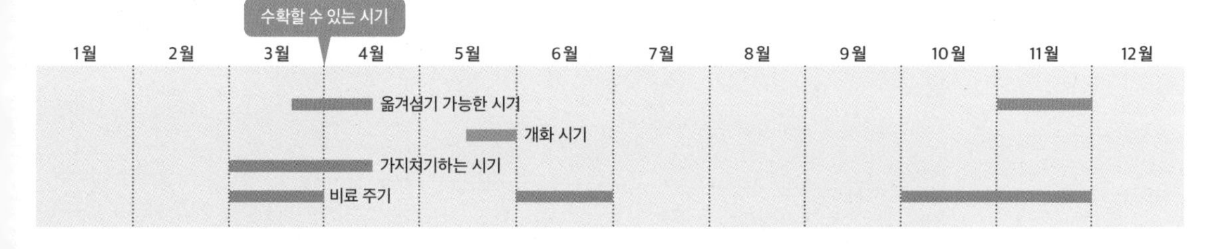

유자

Yuzu

과명 운향과 귤속
원산지 중국 양쯔강 상류

유자 잼
유자 껍질을 얇게 채 치고 과실은 대강 잘라 설탕과 함께 졸이면 맛있는 유자 잼을 만들 수 있습니다. 집에서 키운 유자라면 농약 걱정 없이 안심하고 먹으니 더욱 좋습니다.

과즙은 냉동 가능

만들고 남은 과즙은 얼음 틀에 넣고 냉동해두세요. 풍미를 그대로 보존할 수 있고 사용하고 싶을 때 언제든지 사용할 수 있습니다.

상큼한 향기와 산미의 조합

정원에 심으면 집이 번창한다고 전해지는 유자. 유자를 넣어 목욕을 하면 감기 예방에도 효과가 있다고 합니다. 향이 강한 껍질에는 항산화 효과가 있는 비타민C가 풍부하고, 과즙에는 피로 회복에 도움이 되는 구연산이 가득 들어 있습니다. 시럽이나 잼을 만들어 유자차로 즐기거나 소주에 담근 유자술도 추천합니다. 껍질을 채 썰고 건조하여 보관하면 요리에 향을 돋우기 위해 사용할 수 있습니다.

수제 유자후추(유즈코쇼)

작은 생선이나 깨와 함께 주먹밥으로 만들거나 보존이 용이한 수제 유자후추를 만드는 것도 추천합니다. 껍질을 갈고 청고추를 다져 소금을 넣고 푸드 프로세서나 절구에 넣고 잘 섞으면 선명한 녹색의 유자후추가 완성됩니다. 소금의 양은 유자 껍질의 15~20% 정도로 넣어주세요. 취향에 따라 유자 과즙을 조금 더하면 부드러운 맛을 낼 수 있습니다. 겨울에 노랗게 익은 유자와 홍고추로 만들면 오렌지색의 유자후추를 만들 수 있습니다. 두 가지 색상으로 즐겨주세요.

씨앗을 화장수로

씨앗을 소주에 담가 시원하고 어두운 곳에 보관하며 이따금 흔들어주면 일주일 뒤에는 점성이 생깁니다. 씨앗을 꺼내고 남은 원액은 스킨의 원재료가 됩니다. 소분하여 2~3배의 정제수를 넣고 희석하면 보습과 미백 효과가 있는 스킨이 됩니다. 꺼낸 씨앗은 화장수를 만들 때 한 번 더 사용할 수 있습니다.

유자 잎차

잎에서도 유자 향기가 은은하게 나서 어린잎은 허브티로 즐기기에 좋습니다. 피클을 만들 때 비밀 재료로 넣는 것도 추천합니다.

재배와 수확 | 추위에 강한 감귤계입니다. 접목묘는 3~5년 안에 수확할 수 있습니다.

옮겨심기

영하 7도까지도 견딜 수 있기 때문에 추운 지방에서도 노지에 직접 심을 수 있습니다. 물 빠짐이 잘되면서 수분을 잘 머금을 수 있는 용토에 심어줍니다. 화분에 심는 경우에는 2년마다 분갈이를 해주세요.

물주기 ~ 비료

건조함에 잘 견디는 편입니다. 어린 나무일 때는 노지에 직접 심었어도 여름에 물을 주는 편이 가지가 쑥쑥 자랍니다. 비료는 1년에 2~3번, 유기질비료나 속효성 화학비료를 줍시다.

수확

접목묘는 3~5년 안에 수확할 수 있습니다. 열매가 푸릇할 때부터 쓸 수 있기 때문에, 열매솎기를 하는 겸 빨리 수확합니다. 노랗게 익은 과실을 오래 나무에 두면 내년에 꽃이 잘 피지 않으므로 주의합니다.

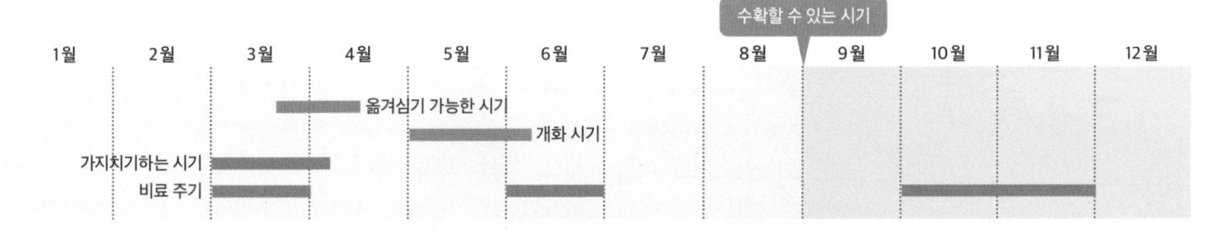

블루베리

Blueberry

과명 진달래과
원산지 북아메리카

블루베리 잎차

블루베리에 폴리페놀이 많이 함유되어 있다는 것은 잘 알려진 사실입니다. 프로안토시아니딘(Proanthocyanidin, 탄닌의 일종)이라는 폴리페놀은 열매보다는 잎에 더 많이 들어 있다고 합니다. 이 성분은 항산화 작용이 강하고 면역력 증가, 혈관 강화, 노화 방지, 동맥경화 예방 등 효능이 다양합니다.

블루베리 잎차를 만드는 방법은 간단합니다. 짙은 색의 잎을 20개 정도 따서 깨끗이 씻은 다음 물기를 제거합니다. 비닐랩에 싸서 전자레인지에 1분 정도 돌려준 다음 프라이팬에서 볶아줍니다. 잘게 썬 잎에 뜨거운 물을 붓고 5분 정도 우려내면 완성입니다.

재배 성공은 품종 고르기가 포인트!

블루베리는 크게 두 가지 계통이 있는데, 하나는 하이부시(Highbush)계와 래빗아이(Rabbiteye)계입니다. 일반적으로 하이부시계는 한 그루만 심어도 열매를 맺지만, 래빗아이계는 다른 품종의 많은 나무를 함께 심지 않으면 열매를 잘 맺지 않는다고 합니다. 하이부시계는 한랭지에서 잘 자라고, 래빗아이계는 따뜻한 지방에서 잘 자란다고 알려졌지만, 개량된 이후로는 따뜻한 지방에서 재배가 가능한 하이부시 품종도 있습니다. 재배지의 환경에 잘 맞는 품종인지 먼저 확인하고 구입해주세요.

수확해서 냉동 보존

물에 깨끗이 씻은 다음 키친타월로 물기를 제거한 뒤 보존 용기에 넣어 냉동고에 보관해주세요. 조금씩 수확을 하더라도 어느 정도 양이 모이면 사용할 수 있습니다.

블루베리 식초

블루베리 100g, 설탕 100g, 사과 식초 200g을 병에 넣고 10일 정도 재워두면 선명한 색의 블루베리 식초가 완성됩니다. 탄산수나 우유에 타서 먹거나 드레싱이나 소스에 더하는 등 다양하게 사용할 수 있습니다. 식초는 흑초를 사용해도 좋습니다.

재배와 수확 | 재배하는 곳의 기후에 맞는 품종을 골라주세요. 작은 수형으로 즐길 수 있습니다.

옮겨심기

추위에 강한 하이부시계와 더위에 강한 래빗아이계를 골라, 섞어 키울 수 있습니다. 산성의 용토를 좋아하기 때문에 녹소토(鹿沼土)나 산성미조정을 한 피트모스를 반씩 혼합한 용토에 심어줍니다. 화분에 심었다면 2~3년마다 분갈이를 해줍니다.

가지치기 ~ 비료주기

비교적 작은 수형입니다. 지난해 자란 가지에서 이듬해 꽃을 피우기 때문에 겨울에 가지치기하면서 꽃망울을 자르지 않도록 주의합니다. 밑거름이나 비료를 추가할 때는 화학비료만 주지 말고 퇴비 등의 유기질 비료를 함께 주는 것을 추천합니다.

수확

묘목을 심어서 1~3년 사이에 수확할 수 있고, 품종을 섞어 심으면 3개월 정도 수확할 수 있습니다. 과실에 색이 나기 시작하면 5일 이상 두는 편이 씨알도 커지고 단맛이 증가합니다.

수확 포인트 : 수확 시기는 품종마다 다릅니다.

블루베리의 품종 분류

블루베리는 200개 이상의 품종이 있습니다. 추위에 강한 하이부시계, 따뜻한 지방을 좋아하는 래빗아이계로 나뉩니다. 조생종, 만생종(늦게 꽃이 피고 열매가 맺히는 종)이 있으며, 수확 시기가 다릅니다. 따뜻한 지방에서도 키울 수 있도록 개량된 남부 하이부시(Southern Highbush)계나 하이브리드계, 1m 정도까지만 자라는 반수고 하이부시(Half-Highbush) 등 다양한 품종이 있어 어떤 품종을 어떻게 혼합할 것인지 잘 고르는 것이 중요합니다.

계통	수확	특징
래빗아이계 품종 : 페스티벌(Festival), 블루샤워(Blueshower), 캘러웨이(Callaway), 우다드(Woodard), 티프블루(Tifblue)	수확 : 7월 중순	높고 크게 자라는 편입니다. 토양에 적응력이 좋고 키우기 쉬워서 초보자들에게 잘 맞는 계통입니다. 오래 수확할 수 있고, 수확을 많이 할 수 있는 품종도 많은 편입니다. 첫해에는 가지치기하여 열매를 맺으면 이듬해 놀랄 정도로 잘 자라납니다. 당도가 높은 품종이 많고, 래빗아이계의 다른 품종을 두 그루 이상 함께 키우면 열매가 잘 맺힙니다.
남부 하이부시계 품종 : 미스티 (Misty), 샤프블루(Sharpblue), 아이블루(Eyeblue), 블루머핀(Hortblue petite) 등	수확 6~7월	수형이 크고 높이 자랍니다. 더운 지역에서도 재배가 가능한 계통입니다. 전반적으로 더위에 강하지만, 반대로 추위나 건조에는 약한 면이 있습니다. 키는 1~1.5m까지 자랍니다. 과일의 크기는 큰 편이고, 주로 농장에서 키우는 편입니다. 풍미가 좋고 단맛과 신맛의 균형이 좋습니다. 남부 하이부시계의 다른 품종을 두 그루 이상 함께 키우면 열매가 잘 맺힙니다.
북부 하이부시계 품종 : 블루레이(Blueray), 블루크롭(Bluecrop), 저지(Jersey), 딕시(Dixie), 얼리블루(Eariblue)	수확 : 6~7월	북부 하이부시계 품종은 한랭지에 적합한 계통입니다. 과실은 생식용 블루베리의 신맛과 단맛을 가지고 있습니다. 북부 하이부시계의 다른 품종을 두 그루 이상 함께 키우면 열매가 잘 맺힙니다.

수경 재배

흙을 사용하지 않는 수경 재배는 주방에서
키우기 안성맞춤입니다. 짧은 시간 안에
수확할 수 있고, 잎채소를 키우면 그 자리에서
바로 샐러드로 만들어 먹을 수 있습니다.
허브를 건강하게 키울 수 있는
수경 재배의 비밀을
소개합니다.

수경 재배에 도전해보세요

수경 재배는 노지에서 자란 식물의 뿌리를 잘라 물에서 키우는 방법입니다.
식물은 뿌리를 통해 성장에 필요한 성분을 흡수합니다. 따라서 뿌리를 담아두는
물을 잘 관리하는 것이 기본입니다. 식물이 성장하는 데 필요한 빛과 물, 영양분을
잘 관리하여 건강하고 맛있는 허브를 키워봅시다.

심플한 용기의 비밀

주변 상점에서 쉽게 구입할 수 있는 채반을 이용해보세요. 채반에 흙(코코매트, 야자매트)을 넣고, 채반 아래 받친, 물이 담기는 부분에 배양액을 넣어줍니다. 용기가 깊어 배양액을 잘 흡수하지 못하는 경우에는 채반 옆쪽에 칼집을 넣어 잘 빨아들이도록 타월(10cm폭의 띠)을 넣어주세요.

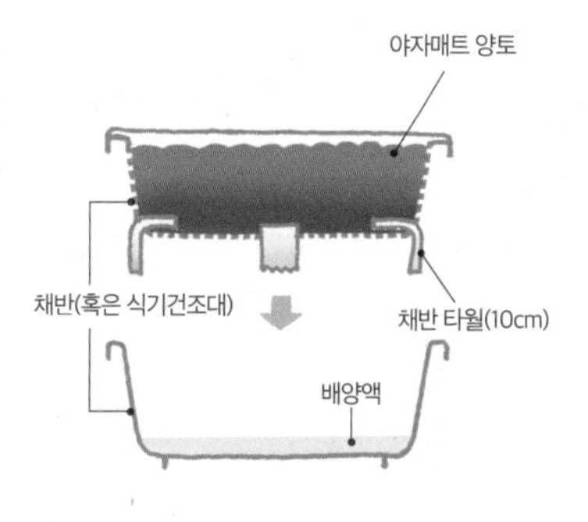

흙의 비밀

흙은 야자나무 열매의 섬유를 재사용해서 만든 원예용 용토를 사용합니다. 주변 상점에서 흔히 구할 수 있으며 가벼운 큐브 상태로 포장되어 나옵니다. 포장을 뜯어 물에 하루 정도 담가두면 5~10배의 양으로 불어납니다. 잿물이 나오니 물을 바꿔서 헹군 뒤 사용합니다. 유기질만 있어서 가볍고 사용하기도 편리하지만, 키가 큰 채소(토마토, 오이 등)는 뿌리가 줄기를 지탱하지 못하기 때문에 지지대를 세워주는 등의 관리가 필요합니다.

물의 비밀

시중에서 판매되는 수경 재배용 배양액을 사용해주세요. 중요한 것은 배양액의 농도입니다. 너무 옅으면 잎의 색깔도 선명해지지 않고 충분히 성장하지 못합니다. 반대로 너무 짙으면 성장에 방해가 되기 때문에 적당한 농도를 맞춰주세요. 여름에는 온도가 올라가 수분이 증발하기 쉬우므로 배양액의 농도가 높아집니다. 밑에 고인 배양액은 한 번 버리고 용기를 깨끗이 씻은 다음 새로운 배양액을 넣어줍니다.

씨뿌리기의 비밀

루콜라나 샐러드 믹스용 채소는 씨를 뿌려 키웁니다. 잎채소는 파종하는 시기가 다르므로 봉투 겉면에 적힌 내용을 확인합니다. 씨앗을 뿌리면 얇게 용토를 깔고 용토 표면이 건조해지지 않도록 주의합니다. 만약 건조해졌다면 물뿌리개로 배양액을 뿌립니다. 발아해서 성장하면 채반 밑으로 뿌리가 자라 배양액까지 도달하게 됩니다. 그 전까지는 용토가 너무 건조해지지 않도록 자주 관찰해 주세요.

관리의 비밀

발아하면 한여름을 제외하고는 되도록 직사광선(하루에 5시간 이상)에 두고 키웁니다. 실내에서 재배하는 경우, 햇빛이 부족해 가늘게 자라는 경우도 있습니다. 튼튼하게 자란 잎은 맛도 좋고 영양도 풍부합니다. 어린잎이라면 파종한 다음 5주 정도가 지나면 수확할 수 있습니다. 뿌리 윗 줄기의 생장점이 남아 있어 새로운 싹이 계속 올라옵니다. 환경이 잘 맞는다면 2~3개월 이상 수확할 수 있습니다.

그 외의 비밀

파종뿐만 아니라 시판하는 채소나 허브를 꺾꽂이로 키우는 것도 가능 합니다. 바질처럼 물을 좋아하는 채소는 물을 넣은 용기에서 키우다가 뿌리가 나오면 용토에 심어줍니다. 뿌리가 있는 미나리라면 그대로 심어주세요. 여름의 직사광선에 약하기 때문에 그림자 지는 밝은 곳에서 관리하는 것이 좋습니다.

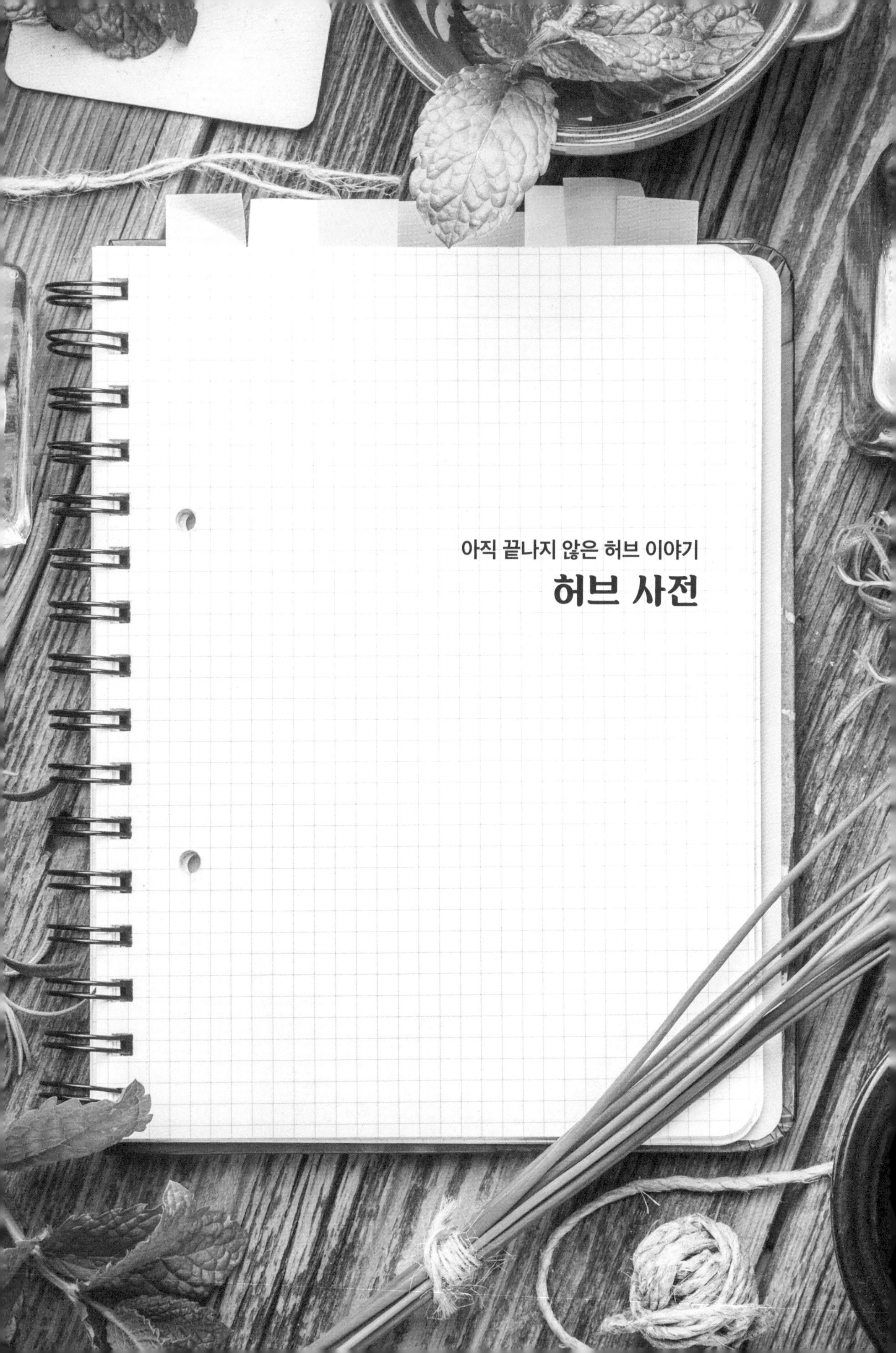
아직 끝나지 않은 허브 이야기
허브 사전

알아두면 쓸모 있는 허브 사전

최근에는 희귀한 허브의 씨앗이나 모종도 쉽게 구할 수 있습니다.
마니아들에게 인기 있는 종류를 소개합니다.

엘더플라워

작고 하얀 꽃이 폭죽 터지듯 피는 엘더플라워는 쉽게 키울 수 있는 허브입니다. 유럽에서는 만병통치약으로 여겨 오래전부터 이용했습니다. 몸의 컨디션이 좋지 않을 때 먹으면 좋습니다. 최근에는 화분증에도 효과가 있다는 사실이 알려졌습니다. 꿀과 궁합이 좋아 꿀에 꽃을 절인 뒤 홍차에 넣어 먹는 것을 추천합니다.

에키나세아

국화과의 허브로 면역력 강화나 바이러스 퇴치에 효과가 있습니다. 뿌리를 보드카 등에 담가 만든 팅크는 벌레 물린 데나 상처에 바르고, 차에 넣어 마시거나 가글로도 사용할 수 있습니다. 품종도 다양하고 비교적 키우기 쉽기 때문에 가드닝이나 꽃꽂이에 많이 사용됩니다.

캐러웨이

회향풀의 일종인 미나리과 허브로 고대로부터 사람이나 물건을 매혹시킨다고 믿어 최음제로 사용되었습니다. 복통이나 기관지염에 효과가 있고, 정유를 떨어트린 물은 입을 헹구는 약으로 사용되었습니다. 달콤하고 상쾌한 향이 나는 잎은 샐러드로, 씨앗은 스파이스로, 뿌리는 조림 요리 등 다양한 곳에 사용할 수 있습니다.

콘플라워

수레국화로도 불리며 다양한 색의 꽃을 피우기 때문에 착색료나 장식으로 사용됩니다. 옥수수 밭이나 보리밭에서도 씩씩하게 잘 자라기 때문에 '콘플라워'라고 불리게 되었다고 합니다. 꽃에서 추출한 엑기스에는 수렴 작용(모공 수축)과 소염 효과가 있어 수제 화장품의 원료로도 사용됩니다.

사플라워

우리나라에서는 홍화(잇꽃)로 불리며 옛날부터 주홍빛 물을 들이는 염료로 사용되었습니다. 최근에는 씨앗에서 추출한 식용 사플라워 오일(홍화유)도 사용되고 있습니다. 주황색의 꽃은 허브티로도 즐길 수 있고, 줄기와 잎도 먹을 수 있습니다. 한방에서는 생약 '홍화'를 산부인과 쪽의 대사 부전에 처방합니다.

윈터 세이보리 (winter savory)

한해살이풀인 섬머 세이보리와 달리 매년 자라는 상록수로, 1년 내내 수확할 수 있습니다. 후추 같은 향이 나며 매운맛이 강해, 고기 요리나 콩 조림 등에 향을 내는 데 잘 어울립니다. 오일이나 식초에 절이는 것을 추천합니다. 소화 촉진의 효과가 있습니다.

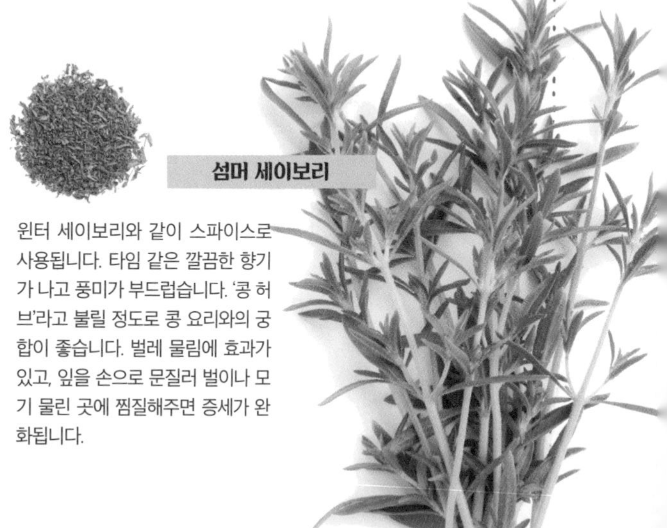

섬머 세이보리

윈터 세이보리와 같이 스파이스로 사용됩니다. 타임 같은 깔끔한 향기가 나고 풍미가 부드럽습니다. '콩 허브'라고 불릴 정도로 콩 요리와의 궁합이 좋습니다. 벌레 물림에 효과가 있고, 잎을 손으로 문질러 벌이나 모기 물린 곳에 찜질해주면 증세가 완화됩니다.

타라곤

향수에도 사용되는 달콤한 향기로, 매콤하면서도 쌉쌀한 맛이 있는 프랑스 요리에 자주 등장하는 허브입니다. 타라곤에는 프렌치 종과 러시안 종이 있어, 요리에는 향이 좋은 프렌치 타라곤이 사용됩니다. 식욕 증진이나 상처 치료, 치통에 효과가 있다고 합니다.

단델리온(민들레)

길가에 피는 꽃이라는 이미지가 강하지만, 유럽과 미국에서는 자연 치료제로서 오랫동안 사용해왔습니다. 이뇨와 강장 작용이 있을 뿐만 아니라, 고대 인도의 전통의학에서는 간장이나 담의 상태가 좋지 않거나 위장이 약해졌을 때 효과가 있다고 여겼습니다. 약간 씁쓸한 맛으로 샐러드나 데침, 초무침 요리에 잘 어울립니다. 뿌리를 볶아 만든 차를 민들레 커피라고도 부릅니다.

샐러드 버넷 (Salad burnet) 오이풀

톱니 모양 잎이 민들레처럼 방사상으로 자랍니다. 오이 향이 나며 이름대로 샐러드에 향채로 많이 사용되는 허브입니다. 줄기 끝에 둥글게 피는 분홍 혹은 빨간 꽃은 드라이플라워로도 사용할 수 있습니다. 튼튼하고 추위에 강해 초보자도 비교적 쉽게 키울 수 있는 허브입니다.

딜

'생선의 허브'라고 불리며, 예부터 유럽에서 널리 사용해왔습니다. 청어 초절임이나 마요네즈를 섞어 연어 소스로 만들어 먹거나, 닭고기나 감자에 뿌려도 맛있습니다. 향에는 소화를 돕는 성분이 있다고 합니다.

치커리

'엔다이브'라고도 불리는 유럽이 원산지인 허브입니다. 잎에 라따뚜이나 연어 등을 올려 핑거푸드로 먹는 것을 추천합니다. 이뇨 작용, 콜레스테롤 저하, 간 기능 활성화 등에 효과가 있습니다. 다진 뿌리를 볶아 드립으로 내려 마시면 식이섬유와 미네랄이 풍부한 차가 됩니다.

히솝(Hyssop)

꿀풀과의 허브로 민트 같은 달콤하면서도 상쾌한 향이 납니다. 잎은 요리에 향을 더하거나 허브티로 마시고, 꽃은 포푸리로 쓸 수 있습니다. 항균 효과가 강하며, 소화 불량이나 기관지염에 좋습니다. 잎과 꽃을 설탕에 졸여 시럽으로 만들어 복용하면 감기 예방하는 데 효과가 있습니다.

니겔라

눈 결정 같은 꽃을 피워 관상용으로도 즐길 수 있는 허브입니다. 종자는 블랙 커민 시드라고 불리며, 커민과 비슷한 독특한 향과 매운맛을 가지고 있습니다. 인도에서는 스파이스로 카레나 콩 요리 등에 널리 사용되고 있습니다. 또한 씨앗에서 추출한 오일에는 항히스타민과 항균 작용이 있어 예부터 알레르기 피부염이나 습진 치료에 사용되었습니다.

홀스레디쉬

일본에서는 서양 와사비라고 불리며 뿌리를 갈아서 먹습니다. 와사비나 겨자와 같은 매운맛 성분이 포함되어 가루 와사비나 튜브에 들어 있는 와사비 원료로 사용되고 있습니다. 추위에 강하고 왕성한 번식력을 자랑합니다. 집에서도 키우기 쉬운 식물입니다.

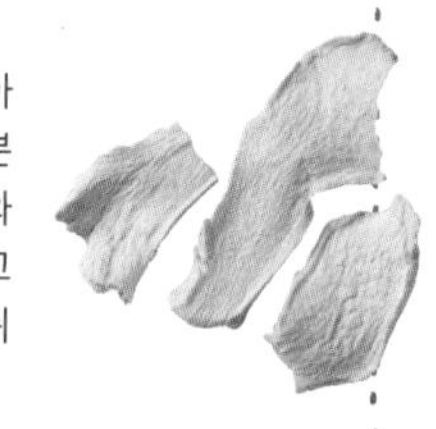

홉

솔방울처럼 생긴 꽃이 피며, 맥주의 쓴맛과 향의 베이스가 되는 재료입니다. 홉으로 천연 발효한 빵은 촉촉하고 쫄깃하게 완성됩니다. 꽃은 튀김이나 허브티로도 즐길 수 있습니다. 덩굴로 자라기 때문에 건물 외벽 등에 심어 친자연적인 커튼 효과를 낼 수 있는 '녹색 커튼'으로 사용할 수 있습니다.

보리지

별 모양의 꽃이 아름다워 관상용으로 인기가 있는 허브입니다. 꽃은 샐러드나 과자로 먹을 수 있습니다. 오이 같은 맛이 나는 잎과 줄기는 샐러드나 볶음으로 먹는 것을 추천합니다. 씨앗에서 압착한 오일에는 감마리놀렌산이 많고, 혈당치 저하와 혈전 해소의 효과가 있다고 알려져 있으나, 간에 손상을 줄 수 있는 독성이 소량 들어 있어 반복 섭취는 피하는 것이 좋습니다.

마조람

예부터 약용으로 사용되었으며, 몸과 마음을 안정시켜주는 허브로 알려져 있습니다. 오레가노와 비슷하지만, 그보다는 더 달콤하고 섬세한 향을 가지고 있으며 약간 씁쓸한 맛이 있습니다. 잎을 말려서 다진 것은 돼지고기 소테나 치킨, 오믈렛 등 구울 때 스파이스로 사용하거나 타르타르 소스에 섞어도 좋습니다.

마시멜로우
(Marsh mallow)

우리에게 흔히 알려진 마시멜로우의 원료는 이 허브의 뿌리에 있는 끈적끈적한 성분이라고 합니다. 이제는 허브를 원료로 사용하지 않지만, 오랫동안 사랑받아온 간식입니다. 뿌리의 점액은 인후통이나 기관지염, 구내염, 방광염 완화에 효과가 있다고 알려져 있습니다. 잎과 꽃은 허브티로, 어린잎은 샐러드나 설탕 조림으로 사탕을 만들어도 좋습니다.

와일드 스트로베리
(서양 야생딸기)

야생 딸기의 총칭으로 다양한 종류가 있지만, 모두 알이 작고 향이 강하며 비타민C와 철분이 풍부합니다. 그냥 먹어도 좋지만, 잼이나 아이스크림으로 만들어 먹어도 좋습니다. 잎은 예부터 찔린 상처의 치료제나 정장제로 사용합니다. 허브티로 마시는 것을 추천합니다.

유칼립투스

1,000종이 넘는 품종이 있는 유카리속의 총칭으로 잎 모양이나 자라는 높이는 천차만별입니다. 잎에는 휘발성 정유 성분이 들어 있으며 의약품으로도 사용됩니다. 살균 효과가 뛰어나다고 알려졌기 때문에 세탁 세제에 섞거나 입욕제로 사용하는 것을 추천합니다. 방충제 스프레이에도 사용됩니다.

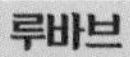

캣닙

'네페탈락톤'이라는 성분으로 고양이속 동물이 흥분하는 작용이 있어 '고양이 마약 허브'라고 불립니다. 감귤계의 향이 나며 잎과 꽃에 강한 발한 작용이 있습니다. 마음을 가라앉히고 불면증에도 효과가 있어 건조한 뒤 포푸리로 사용하는 것이 좋습니다. 해가 잘 들지 않는 곳에서도 자라고 번식력이 왕성합니다. 하지만 당신의 고양이가 엉망으로 만들지 않도록 신경 써주세요.

루바브

셀러리나 머위와 비슷한 줄기는 식이섬유와 비타민C가 풍부하고, 유럽에서는 달콤하게 졸여서 먹습니다. 강한 산미를 살려 드레싱으로 만들거나, 잘게 다져 샐러드로 만들어도 좋습니다. 잎에는 옥살산이 다량으로 들어 있어 먹으면 안 됩니다. 인도 전통의학에서는 숙변을 제거하고 대장 활동을 도와주는 데 가장 좋은 허브로 여깁니다.

색인

ㅅ

ㅇ

ㅈ

ㅊ

ㅋ

직접 키워서 건강하게 먹는

키친 허브

초판 1쇄 인쇄 | 2020년 6월 3일
초판 1쇄 발행 | 2020년 6월 10일

옮긴이 | 배혜림
감수 | 오가와 야스히로(小川 恭弘)
발행인 | 윤호권·박헌용

본부장 | 김경섭
책임편집 | 정인경
편집진행 | 현아나
기획편집 | 정은미·정상미·김하영
디자인 | 정정은·김덕오·양혜민
마케팅 | 윤주환·어윤지·이강희
제작 | 정웅래·김영훈

표지 및 본문 디자인 | 나이스에이지

발행처 | 미호
출판등록 | 2011년 1월 27일(제321-2011-000023호)

주소 | 서울특별시 서초구 사임당로 82
전화 | 편집 (02) 3487-2814·영업 (02) 3471-8043

ISBN 979-11-6579-024-0 13590

미호는 아름답고 기분좋은 책을 만드는 ㈜시공사의 임프린트입니다.